仮分数・帯分数

むずかしさ
★ ☆ ☆

月 日　名前

はじめ 時 分　おわり 時 分

1 次の分数を帯分数か整数に直しましょう。　〔1問　2点〕

① $\dfrac{5}{3}=$

② $\dfrac{9}{7}=$

③ $\dfrac{8}{5}=$

④ $\dfrac{8}{4}=$

⑤ $\dfrac{13}{9}=$

⑥ $\dfrac{9}{8}=$

⑦ $\dfrac{6}{3}=$

⑧ $\dfrac{4}{2}=$

⑨ $\dfrac{15}{11}=$

⑩ $\dfrac{7}{6}=$

⑪ $\dfrac{8}{8}=$

⑫ 7

⑬

⑭ $\dfrac{16}{9}=$

⑮ $\dfrac{13}{7}=$

⑯ $\dfrac{12}{6}=$

⑰ $\dfrac{5}{4}=$

⑱ $\dfrac{11}{5}=$

⑲ $\dfrac{11}{7}=$

⑳ $\dfrac{17}{11}=$

2 次の整数を分数に直しましょう。

❶ $1=\dfrac{\Box}{5}$

❺ $2=\dfrac{\Box}{9}$

❷ $1=\dfrac{\Box}{6}$

❻ $1=\dfrac{\Box}{8}$

❸ $2=\dfrac{\Box}{3}$

❼ $1=\dfrac{\Box}{7}$

❹ $2=\dfrac{\Box}{4}$

❽ $2=\dfrac{\Box}{7}$

3 次の帯分数を仮分数に直しましょう。

〔1問 3点〕

❶ $1\dfrac{3}{4}=$

❼ $2\dfrac{1}{3}=$

❷ $2\dfrac{2}{3}=$

❽ $1\dfrac{5}{9}=$

❸ $1\dfrac{4}{5}=$

❾ $1\dfrac{7}{8}=$

❹ $2\dfrac{1}{6}=$

❿ $2\dfrac{1}{4}=$

❺ $1\dfrac{1}{2}=$

⓫ $1\dfrac{6}{7}=$

❻ $1\dfrac{4}{7}=$

⓬ $1\dfrac{3}{11}=$

© くもん出版

4年生のふく習だよ。まちがえた問題は，もう一度や
り直してみよう。

2

[   ] 点

月　　日　　名前

はじめ　時　　分　　おわり　時　　分

---

1 たし算をしましょう。

〔1問　5点〕

① $\dfrac{1}{3} + \dfrac{1}{3} =$

② $\dfrac{2}{3} + \dfrac{1}{3} =$

③ $\dfrac{3}{5} + \dfrac{1}{5} =$

④ $\dfrac{2}{5} + \dfrac{3}{5} =$

⑤ $\dfrac{4}{5} + \dfrac{4}{5} =$

⑥ $\dfrac{4}{7} + \dfrac{2}{7} =$

⑦ $\dfrac{5}{7} + \dfrac{6}{7} =$

⑧ $\dfrac{2}{9} + \dfrac{5}{9} =$

⑨ $\dfrac{5}{9} + \dfrac{8}{9} =$

⑩ $\dfrac{9}{11} + \dfrac{7}{11} =$

2 たし算をしましょう。　　　　　　　　　　　　〔1問　5点〕

① $3 + \dfrac{5}{8} =$

② $2 + 3\dfrac{1}{4} =$

③ $\dfrac{2}{5} + 2\dfrac{1}{5} =$

④ $3\dfrac{2}{7} + \dfrac{3}{7} =$

⑤ $4\dfrac{3}{7} + \dfrac{4}{7} =$

⑥ $\dfrac{8}{9} + 3\dfrac{2}{9} =$

⑦ $2\dfrac{2}{5} + 3\dfrac{2}{5} =$

⑧ $3\dfrac{4}{7} + 4\dfrac{1}{7} =$

⑨ $5\dfrac{5}{7} + 4\dfrac{6}{7} =$

⑩ $3\dfrac{6}{11} + 2\dfrac{8}{11} =$

4年生の分数のふく習だよ。まちがえた問題は，もう一度やり直してみよう。

点

| 月 日 | 名前 | はじめ 時 分 | おわり 時 分 |

1 ひき算をしましょう。　　　　　　　　　　　　　　　　〔1問 5点〕

❶ $\dfrac{2}{3} - \dfrac{1}{3} =$

❷ $\dfrac{4}{5} - \dfrac{2}{5} =$

❸ $\dfrac{5}{7} - \dfrac{2}{7} =$

❹ $\dfrac{6}{7} - \dfrac{6}{7} =$

❺ $\dfrac{7}{9} - \dfrac{2}{9} =$

❻ $3\dfrac{3}{5} - \dfrac{2}{5} =$

❼ $4\dfrac{6}{7} - \dfrac{2}{7} =$

❽ $5\dfrac{8}{9} - \dfrac{4}{9} =$

❾ $5\dfrac{5}{7} - 2\dfrac{3}{7} =$

❿ $4\dfrac{8}{9} - 4\dfrac{1}{9} =$

2 ひき算をしましょう。 〔1問 5点〕

① $3\frac{5}{8} - 3 =$

② $4\frac{3}{8} - \frac{3}{8} =$

③ $1 - \frac{3}{5} =$

④ $3 - \frac{1}{8} =$

⑤ $4 - 2\frac{1}{6} =$

⑥ $4\frac{1}{3} - \frac{2}{3} =$

⑦ $3\frac{2}{5} - \frac{4}{5} =$

⑧ $4\frac{1}{5} - 1\frac{3}{5} =$

⑨ $5\frac{2}{7} - 2\frac{6}{7} =$

⑩ $4\frac{4}{11} - 3\frac{9}{11} =$

次はチェックテストだよ。今までにまちがえた問題は、もう一度ふく習しておこう。

点

6

1 次の分数を帯分数か整数に直しましょう。　　〔1問　2点〕

❶ $\dfrac{11}{9}=$

❷ $\dfrac{8}{3}=$

❸ $\dfrac{15}{4}=$

❹ $\dfrac{12}{5}=$

❺ $\dfrac{28}{7}=$

❻ $\dfrac{30}{11}=$

2 次の分数を仮分数に直しましょう。　　〔1問　2点〕

❶ $1\dfrac{2}{5}=$

❷ $1\dfrac{4}{9}=$

❸ $2\dfrac{3}{4}=$

❹ $3\dfrac{5}{9}=$

3 次のたし算をしましょう。　　〔1問　5点〕

❶ $\dfrac{4}{7}+\dfrac{2}{7}=$

❷ $\dfrac{3}{5}+\dfrac{2}{5}=$

❸ $\dfrac{5}{11}+\dfrac{3}{11}=$

❹ $\dfrac{5}{7}+\dfrac{6}{7}=$

4 次のたし算をしましょう。　　　　　　　　　　　　　　　〔1問　5点〕

① $6 + 3\dfrac{5}{8} =$

③ $\dfrac{3}{7} + 1\dfrac{5}{7} =$

② $2\dfrac{5}{9} + 1\dfrac{2}{9} =$

④ $1\dfrac{6}{11} + 2\dfrac{7}{11} =$

5 次のひき算をしましょう。　　　　　　　　　　　　　　　〔1問　5点〕

① $\dfrac{5}{9} - \dfrac{4}{9} =$

⑤ $4 - 3\dfrac{5}{6} =$

② $1 - \dfrac{2}{3} =$

⑥ $2\dfrac{8}{9} - 1\dfrac{7}{9} =$

③ $\dfrac{6}{7} - \dfrac{1}{7} =$

⑦ $4\dfrac{1}{9} - \dfrac{5}{9} =$

④ $2\dfrac{6}{7} - \dfrac{2}{7} =$

⑧ $8\dfrac{1}{5} - 2\dfrac{4}{5} =$

答え合わせをして点数をつけてから，78ページの
アドバイスを読もう。

8

点

| 月 | 日 | 名前 |  はじめ 時 分 おわり 時 分 |

おぼえておこう

$$\frac{10}{12}=\frac{5}{6} \qquad \frac{6}{14}=\frac{3}{7}$$ （分母と分子を2でわる）

分母と分子を同じ数でわってかんたんな分数にすることを**約分**するといいます。

1 分母と分子を2でわって約分しましょう。　　〔1問　2点〕

① $\frac{4}{6}=\frac{\square}{3}$　　⑤ $\frac{8}{14}=$　　⑨ $\frac{2}{20}=\frac{\square}{\square}$

② $\frac{4}{10}=\frac{2}{\square}$　　⑥ $\frac{10}{14}=$　　⑩ $\frac{6}{20}=$

③ $\frac{6}{10}=$　　⑦ $\frac{6}{16}=$

④ $\frac{4}{14}=$　　⑧ $\frac{8}{18}=$

2 分母と分子を3でわって約分しましょう。　　〔1問　2点〕

| 例 | $\frac{6}{9}=\frac{2}{3}$　　$\frac{15}{18}=\frac{5}{6}$ |

① $\frac{3}{6}=\frac{\square}{2}$　　⑤ $\frac{9}{15}=$　　⑨ $\frac{12}{27}=$

② $\frac{3}{9}=$　　⑥ $\frac{12}{15}=$　　⑩ $\frac{24}{27}=$

③ $\frac{9}{12}=$　　⑦ $\frac{9}{21}=$

④ $\frac{6}{15}=$　　⑧ $\frac{21}{24}=$

3 次の分数を2または3で約分しましょう。　　　　　〔1問　3点〕

① $\dfrac{2}{6}=$

② $\dfrac{3}{6}=$

③ $\dfrac{4}{6}=$

④ $\dfrac{6}{8}=$

⑤ $\dfrac{6}{10}=$

⑥ $\dfrac{10}{12}=$

⑦ $\dfrac{6}{15}=$

⑧ $\dfrac{14}{16}=$

⑨ $\dfrac{10}{18}=$

⑩ $\dfrac{15}{18}=$

⑪ $\dfrac{3}{21}=$

⑫ $\dfrac{18}{21}=$

⑬ $\dfrac{8}{22}=$

⑭ $\dfrac{10}{24}=$

⑮ $\dfrac{15}{24}=$

⑯ $\dfrac{6}{26}=$

⑰ $\dfrac{6}{27}=$

⑱ $\dfrac{8}{30}=$

⑲ $\dfrac{9}{30}=$

⑳ $\dfrac{21}{30}=$

まちがいが多いようなら おぼえておこう をよく見て，
約分のしかたをたしかめておこう。

点

月　日　名前

はじめ　時　分　おわり　時　分

1 約分しましょう。（2または5で約分できます。）　〔1問　2点〕

① $\dfrac{4}{6}=$

② $\dfrac{5}{10}=$

③ $\dfrac{10}{12}=$

④ $\dfrac{10}{15}=$

⑤ $\dfrac{5}{20}=$

⑥ $\dfrac{14}{24}=$

⑦ $\dfrac{15}{25}=$

⑧ $\dfrac{14}{30}=$

⑨ $\dfrac{25}{30}=$

⑩ $\dfrac{35}{40}=$

2 約分しましょう。（3または5で約分できます。）　〔1問　3点〕

① $\dfrac{3}{6}=$

② $\dfrac{6}{9}=$

③ $\dfrac{5}{15}=$

④ $\dfrac{15}{20}=$

⑤ $\dfrac{3}{21}=$

⑥ $\dfrac{12}{21}=$

⑦ $\dfrac{5}{25}=$

⑧ $\dfrac{10}{25}=$

⑨ $\dfrac{20}{25}=$

⑩ $\dfrac{21}{27}=$

3 約分しましょう。（2 または7で約分できます。） 〔1問 2点〕

① $\dfrac{6}{8}=$ ⑥ $\dfrac{14}{18}=$

② $\dfrac{4}{10}=$ ⑦ $\dfrac{14}{21}=$

③ $\dfrac{10}{12}=$ ⑧ $\dfrac{16}{22}=$

④ $\dfrac{6}{14}=$ ⑨ $\dfrac{21}{28}=$

⑤ $\dfrac{7}{14}=$ ⑩ $\dfrac{28}{35}=$

4 約分しましょう。（3 または7で約分できます。） 〔1問 3点〕

① $\dfrac{9}{15}=$ ⑥ $\dfrac{21}{24}=$

② $\dfrac{6}{21}=$ ⑦ $\dfrac{7}{28}=$

③ $\dfrac{7}{21}=$ ⑧ $\dfrac{14}{35}=$

④ $\dfrac{15}{21}=$ ⑨ $\dfrac{21}{35}=$

⑤ $\dfrac{9}{24}=$ ⑩ $\dfrac{35}{42}=$

答えを書き終わったら見直しをして，まちがいを少なくしよう。

点

7 約分（3）

むずかしさ ★ ★ ☆

月　　日　　名前

はじめ　時　分　　おわり　時　分

1 約分しましょう。（5または7で約分できます。）

〔1問　2点〕

❶ $\dfrac{7}{14}=$

❷ $\dfrac{10}{25}=$

❸ $\dfrac{7}{28}=$

❹ $\dfrac{5}{35}=$

❺ $\dfrac{7}{35}=$

❻ $\dfrac{14}{35}=$

❼ $\dfrac{15}{35}=$

❽ $\dfrac{25}{35}=$

❾ $\dfrac{28}{35}=$

❿ $\dfrac{35}{42}=$

2 約分しましょう。

〔1問　3点〕

❶ $\dfrac{6}{10}=$

❷ $\dfrac{14}{22}=$

❸ $\dfrac{21}{24}=$

❹ $\dfrac{22}{26}=$

❺ $\dfrac{28}{34}=$

❻ $\dfrac{2}{38}=$

❼ $\dfrac{27}{39}=$

❽ $\dfrac{15}{40}=$

❾ $\dfrac{20}{45}=$

❿ $\dfrac{14}{49}=$

© くもん出版

13

3 次の分数を4または6で約分しましょう。 〔1問 2点〕

① $\dfrac{4}{8} = \dfrac{\square}{2}$

② $\dfrac{4}{12} =$

③ $\dfrac{4}{16} =$

④ $\dfrac{12}{16} =$

⑤ $\dfrac{16}{20} =$

⑥ $\dfrac{6}{12} = \dfrac{1}{\square}$

⑦ $\dfrac{6}{18} =$

⑧ $\dfrac{12}{18} =$

⑨ $\dfrac{18}{24} =$

⑩ $\dfrac{18}{30} =$

4 一度で約分しましょう。 〔1問 3点〕

① $\dfrac{4}{20} =$

② $\dfrac{8}{20} =$

③ $\dfrac{12}{20} =$

④ $\dfrac{4}{24} =$

⑤ $\dfrac{8}{28} =$

⑥ $\dfrac{6}{24} =$

⑦ $\dfrac{6}{30} =$

⑧ $\dfrac{6}{42} =$

⑨ $\dfrac{24}{42} =$

⑩ $\dfrac{18}{48} =$

まちがえた問題はやり直して，どこでまちがえたのか
をよくたしかめておこう。

14

点

8 約分（4）

むずかしさ
★ ★ ☆

| 月　　日 | 名前 | はじめ　　時　　分 おわり　　時　　分 |

1 一度で約分しましょう。（9で約分できるものもあります。）　　　〔1問　2点〕

❶ $\dfrac{9}{18}=$

❷ $\dfrac{9}{27}=$

❸ $\dfrac{18}{27}=$

❹ $\dfrac{9}{36}=$

❺ $\dfrac{27}{36}=$

❻ $\dfrac{6}{18}=$

❼ $\dfrac{8}{12}=$

❽ $\dfrac{28}{40}=$

❾ $\dfrac{16}{28}=$

❿ $\dfrac{30}{42}=$

2 一度で約分しましょう。（8で約分できるものもあります。）　　　〔1問　2点〕

❶ $\dfrac{8}{16}=$

❷ $\dfrac{8}{24}=$

❸ $\dfrac{24}{32}=$

❹ $\dfrac{16}{40}=$

❺ $\dfrac{40}{48}=$

❻ $\dfrac{6}{24}=$

❼ $\dfrac{18}{27}=$

❽ $\dfrac{12}{30}=$

❾ $\dfrac{27}{45}=$

❿ $\dfrac{36}{42}=$

© くもん出版

15

① $\dfrac{3}{12}=$

② $\dfrac{4}{12}=$

③ $\dfrac{8}{24}=$

④ $\dfrac{20}{24}=$

⑤ $\dfrac{9}{27}=$

⑥ $\dfrac{18}{27}=$

⑦ $\dfrac{9}{36}=$

⑧ $\dfrac{35}{49}=$

⑨ $\dfrac{12}{54}=$

⑩ $\dfrac{8}{56}=$

⑪ $\dfrac{4}{10}=$

⑫ $\dfrac{9}{15}=$

⑬ $\dfrac{12}{20}=$

⑭ $\dfrac{16}{24}=$

⑮ $\dfrac{5}{30}=$

⑯ $\dfrac{24}{30}=$

⑰ $\dfrac{4}{32}=$

⑱ $\dfrac{21}{35}=$

⑲ $\dfrac{45}{54}=$

⑳ $\dfrac{32}{56}=$

答えを書き終わったら見直しをして，まちがいを少なくしよう。

16

点

約分（5）

むずかしさ
★ ★ ☆

月　　日　　名前

1 一度で約分しましょう。　　　　　　　　　〔1問 2点〕

① $\dfrac{4}{12} =$

② $\dfrac{4}{16} =$

③ $\dfrac{12}{16} =$

④ $\dfrac{6}{18} =$

⑤ $\dfrac{12}{18} =$

⑥ $\dfrac{14}{21} =$

⑦ $\dfrac{6}{24} =$

⑧ $\dfrac{16}{28} =$

⑨ $\dfrac{24}{30} =$

⑩ $\dfrac{25}{30} =$

⑪ $\dfrac{6}{36} =$

⑫ $\dfrac{27}{36} =$

⑬ $\dfrac{16}{40} =$

⑭ $\dfrac{12}{42} =$

⑮ $\dfrac{36}{45} =$

⑯ $\dfrac{20}{48} =$

⑰ $\dfrac{33}{51} =$

⑱ $\dfrac{6}{60} =$

⑲ $\dfrac{40}{64} =$

⑳ $\dfrac{18}{66} =$

2 なるべく一度で約分しましょう。(10, 15, 20で約分できるものもあります。) 〔1問 3点〕

❶ $\dfrac{10}{20}=$

❷ $\dfrac{10}{30}=$

❸ $\dfrac{20}{30}=$

❹ $\dfrac{15}{40}=$

❺ $\dfrac{15}{45}=$

❻ $\dfrac{30}{45}=$

❼ $\dfrac{5}{50}=$

❽ $\dfrac{15}{50}=$

❾ $\dfrac{20}{60}=$

❿ $\dfrac{45}{60}=$

3 なるべく一度で約分しましょう。(12, 14で約分できるものもあります。) 〔1問 3点〕

❶ $\dfrac{12}{24}=$

❷ $\dfrac{12}{36}=$

❸ $\dfrac{24}{36}=$

❹ $\dfrac{30}{42}=$

❺ $\dfrac{36}{60}=$

❻ $\dfrac{14}{28}=$

❼ $\dfrac{28}{42}=$

❽ $\dfrac{42}{56}=$

❾ $\dfrac{56}{63}=$

❿ $\dfrac{42}{70}=$

一度で約分できたかな？　なれるまで, 練習しよう。

点

約分（6）

月　　日　　名前　　　　　　　はじめ　　時　　分　おわり　　時　　分

1　なるべく一度で約分しましょう。（11，13で約分できるものもあります。）　〔1問　2点〕

①　$\dfrac{12}{20}=$

②　$\dfrac{18}{24}=$

③　$\dfrac{24}{32}=$

④　$\dfrac{18}{36}=$

⑤　$\dfrac{28}{40}=$

⑥　$\dfrac{15}{45}=$

⑦　$\dfrac{40}{50}=$

⑧　$\dfrac{36}{60}=$

⑨　$\dfrac{18}{63}=$

⑩　$\dfrac{48}{64}=$

⑪　$\dfrac{11}{33}=$

⑫　$\dfrac{22}{33}=$

⑬　$\dfrac{13}{26}=$

⑭　$\dfrac{26}{39}=$

⑮　$\dfrac{13}{52}=$

⑯　$\dfrac{33}{45}=$

⑰　$\dfrac{22}{55}=$

⑱　$\dfrac{48}{60}=$

⑲　$\dfrac{49}{63}=$

⑳　$\dfrac{22}{66}=$

2 約分しましょう。（なるべく一度でしましょう。） 〔1問 3点〕

① $\dfrac{8}{14}=$

② $\dfrac{6}{15}=$

③ $\dfrac{12}{16}=$

④ $\dfrac{15}{20}=$

⑤ $\dfrac{16}{20}=$

⑥ $\dfrac{18}{24}=$

⑦ $\dfrac{18}{27}=$

⑧ $\dfrac{24}{32}=$

⑨ $\dfrac{26}{39}=$

⑩ $\dfrac{21}{42}=$

⑪ $\dfrac{12}{48}=$

⑫ $\dfrac{45}{50}=$

⑬ $\dfrac{48}{54}=$

⑭ $\dfrac{21}{56}=$

⑮ $\dfrac{42}{56}=$

⑯ $\dfrac{24}{60}=$

⑰ $\dfrac{55}{66}=$

⑱ $\dfrac{56}{72}=$

⑲ $\dfrac{55}{77}=$

⑳ $\dfrac{65}{78}=$

一度で約分できるように，練習しよう。

点

月　　日　名前

はじめ　時　　分　おわり　時　　分

おぼえておこう

12は3でわりきれます。（あまりが出ません。）
12は4でも6でもわりきれます。
12は5でわりきれません。（あまりが出ます。）
3や4や6を，12の**約数**といいます。

1 □にあてはまる数字を入れましょう。　〔1問　5点〕

❶　12の約数は　1，2，3，4，□，12

❷　18の約数は　1，2，□，6，9，18

❸　12と18の両方にある約数は　1，2，3，□

2 □にあてはまる数字を入れましょう。　〔1問　5点〕

❶　20の約数は　1，2，4，□，10，20

❷　30の約数は　1，2，3，5，□，10，15，30

❸　20と30の両方にある約数は　1，2，5，□

おぼえておこう

両方に共通な約数を**公約数**といいます。

3 □にあてはまる数字を入れましょう。　〔1問　5点〕

❶　12と18の公約数でいちばん大きい数は□

❷　20と30の公約数でいちばん大きい数は□

おぼえておこう

いちばん大きい公約数を**最大公約数**といいます。

4 2つの数の最大公約数を求めましょう。　〔1問　5点〕

例	（12，18）　→　6

❶　（8，12）　→　□　　　　❸　（18，30）　→　□

❷　（12，30）　→　□　　　　❹　（24，40）　→　□

5 次の各組の最大公約数を求めましょう。その最大公約数で約分しましょう。〔1問 4点〕

<table>
<tr><td colspan="3">**例**</td><td>最大公約数</td><td></td><td colspan="2">最大公約数でわると、一度で約分できます。</td></tr>
</table>

	例		最大公約数		
	$（12，18）$ →	$\boxed{6}$		$\dfrac{12}{18}=\dfrac{2}{3}$	最大公約数でわると、一度で約分できます。

❶ （12，20） → ☐ $\dfrac{12}{20}=$

❷ （20，24） → ☐ $\dfrac{20}{24}=$

❸ （18，24） → ☐ $\dfrac{18}{24}=$

❹ （12，30） → ☐ $\dfrac{12}{30}=$

❺ （15，30） → ☐ $\dfrac{15}{30}=$

❻ （18，27） → ☐ $\dfrac{18}{27}=$

❼ （24，32） → ☐ $\dfrac{24}{32}=$

❽ （27，36） → ☐ $\dfrac{27}{36}=$

❾ （36，48） → ☐ $\dfrac{36}{48}=$

❿ （45，60） → ☐ $\dfrac{45}{60}=$

まちがいが多いなら、 おぼえておこう をしっかりおぼえて、もう一度やってみよう。

☐ 点

12 分数のたし算（1）

月　日　名前　はじめ　時　分　おわり　時　分

1 〈例〉のようにしましょう。　　　　　　　　〔1問　3点〕

例

$$\frac{1}{3} = \frac{\boxed{2}}{6} \qquad \frac{1}{5} = \frac{\boxed{3}}{15} \qquad \frac{2}{7} = \frac{\boxed{16}}{56}$$

① $\dfrac{1}{4} = \dfrac{\square}{8}$

② $\dfrac{1}{3} = \dfrac{\square}{9}$

③ $\dfrac{2}{3} = \dfrac{\square}{9}$

④ $\dfrac{1}{5} = \dfrac{\square}{15}$

⑤ $\dfrac{2}{5} = \dfrac{\square}{20}$

⑥ $\dfrac{1}{7} = \dfrac{\square}{35}$

⑦ $\dfrac{3}{7} = \dfrac{\square}{42}$

⑧ $\dfrac{5}{8} = \dfrac{\square}{24}$

⑨ $\dfrac{2}{9} = \dfrac{\square}{18}$

⑩ $\dfrac{5}{9} = \dfrac{\square}{27}$

⑪ $\dfrac{1}{2} = \dfrac{}{8}$

⑫ $\dfrac{2}{3} = \dfrac{}{21}$

⑬ $\dfrac{3}{4} = \dfrac{}{28}$

⑭ $\dfrac{3}{5} = \dfrac{}{40}$

⑮ $\dfrac{5}{6} = \dfrac{}{36}$

⑯ $\dfrac{4}{7} = \dfrac{}{56}$

⑰ $\dfrac{3}{8} = \dfrac{}{80}$

⑱ $\dfrac{5}{8} = \dfrac{}{72}$

⑲ $\dfrac{1}{9} = \dfrac{}{81}$

⑳ $\dfrac{4}{9} = \dfrac{}{63}$

2 たし算をしましょう。

〔1問 5点〕

例

$$\frac{3}{5} + \frac{1}{10} = \frac{6}{10} + \frac{1}{10} = \frac{7}{10}$$

① $\frac{2}{5} + \frac{3}{10} = \frac{\square}{10} + \frac{3}{10}$

$$= \frac{}{10}$$

同じ分母の分数にして，たし算をするよ。

② $\frac{4}{5} + \frac{1}{10} = \frac{\square}{10} + \frac{1}{10}$

$$=$$

③ $\frac{1}{5} + \frac{7}{10} = \frac{}{10} + \frac{}{10}$

$$=$$

④ $\frac{1}{4} + \frac{1}{8} = \frac{\square}{8} + \frac{1}{8}$

$$=$$

⑤ $\frac{1}{4} + \frac{5}{8} = \frac{}{8} + \frac{}{8}$

$$=$$

⑥ $\frac{3}{4} + \frac{1}{8} = \frac{}{8} + \frac{}{8}$

$$=$$

⑦ $\frac{1}{2} + \frac{1}{8} = \frac{}{8} + \frac{}{8}$

$$=$$

⑧ $\frac{1}{2} + \frac{3}{8} =$

答えを書き終わったら見直しをして，まちがいを少なくしよう。

24

点

分数のたし算（2）

月　日　名前　　　　　はじめ　時　分　おわり　時　分

1 たし算をしましょう。　　　　　　　　　　　〔1問　5点〕

> **例**
>
> $$\frac{1}{10}+\frac{3}{5}=\frac{1}{10}+\frac{6}{10}=\frac{7}{10}$$

① $\frac{3}{10}+\frac{2}{5}=\frac{3}{10}+\frac{\square}{10}$

$=$

② $\frac{1}{10}+\frac{4}{5}=\frac{}{10}+\frac{}{10}$

$=$

③ $\frac{7}{10}+\frac{1}{5}=\frac{}{10}+\frac{}{10}$

$=$

④ $\frac{1}{10}+\frac{1}{5}=$

⑤ $\frac{3}{10}+\frac{3}{5}=$

⑥ $\frac{1}{12}+\frac{2}{3}=\frac{1}{12}+\frac{\square}{12}$

$=\frac{}{12}=\frac{}{4}$

⑦ $\frac{1}{12}+\frac{3}{4}=\frac{}{12}+\frac{}{12}$

$=$

⑧ $\frac{7}{12}+\frac{1}{6}=\frac{}{12}+\frac{}{12}$

$=$

⑨ $\frac{1}{12}+\frac{1}{3}=$

⑩ $\frac{7}{12}+\frac{1}{3}=$

例

$$\frac{3}{4}+\frac{1}{6}=\frac{9}{12}+\frac{2}{12}=\frac{11}{12}$$

① $\dfrac{1}{4}+\dfrac{1}{6}=\dfrac{\square}{12}+\dfrac{2}{12}$

　　$=$

② $\dfrac{1}{6}+\dfrac{3}{4}=\dfrac{2}{12}+\dfrac{\square}{12}$

　　$=$

③ $\dfrac{1}{6}+\dfrac{1}{4}=\dfrac{}{12}+\dfrac{}{12}$

　　$=$

④ $\dfrac{2}{3}+\dfrac{1}{4}=$

⑤ $\dfrac{1}{4}+\dfrac{1}{3}=$

⑥ $\dfrac{3}{5}+\dfrac{7}{15}=\dfrac{\square}{15}+\dfrac{7}{15}$

　　$=\dfrac{\square}{15}=1\dfrac{\square}{15}$

⑦ $\dfrac{4}{5}+\dfrac{1}{3}=\dfrac{}{15}+\dfrac{}{15}$

　　$=$

⑧ $\dfrac{4}{15}+\dfrac{2}{3}=\dfrac{}{15}+\dfrac{}{15}$

　　$=$

⑨ $\dfrac{4}{15}+\dfrac{4}{5}=$

⑩ $\dfrac{2}{3}+\dfrac{2}{15}=$

答えはきちんと最後まで約分しているか，もう一度見直してみよう。

点

月　　日　　名前　　　　　　　　　　　　　　　はじめ　時　分　おわり　時　分

1 たし算をしましょう。　　　　　　　　　　　　　〔1問　5点〕

① $\dfrac{1}{2}+\dfrac{5}{8}=\dfrac{\square}{8}+\dfrac{\square}{8}$

$\qquad\qquad =\dfrac{\square}{8}=1\dfrac{\square}{8}$

② $\dfrac{7}{8}+\dfrac{1}{2}=$

③ $\dfrac{3}{4}+\dfrac{5}{8}=$

④ $\dfrac{1}{4}+\dfrac{7}{8}=$

⑤ $\dfrac{2}{3}+\dfrac{4}{9}=$

⑥ $\dfrac{7}{9}+\dfrac{2}{3}=$

⑦ $\dfrac{5}{9}+\dfrac{2}{3}=$

⑧ $\dfrac{3}{10}+\dfrac{4}{5}=$

⑨ $\dfrac{1}{2}+\dfrac{3}{10}=$

⑩ $\dfrac{1}{2}+\dfrac{4}{5}=$

2 たし算をしましょう。

① $\dfrac{5}{6}+\dfrac{7}{12}=$

⑥ $\dfrac{4}{9}+\dfrac{1}{18}=$

② $\dfrac{1}{3}+\dfrac{5}{12}=$

⑦ $\dfrac{7}{18}+\dfrac{8}{9}=$

③ $\dfrac{3}{4}+\dfrac{1}{6}=$

⑧ $\dfrac{1}{6}+\dfrac{5}{9}=$

④ $\dfrac{5}{6}+\dfrac{3}{4}=$

⑨ $\dfrac{2}{9}+\dfrac{5}{6}=$

⑤ $\dfrac{2}{3}+\dfrac{1}{4}=$

⑩ $\dfrac{1}{2}+\dfrac{7}{18}=$

答えを書き終わったら見直しをして，まちがいを少なくしよう。

点

15 分数のたし算（4）

月　　日　名前　　　　　　はじめ　時　分　おわり　時　分

1 6の倍数を小さい順に書きましょう。　〔全部できて5点〕

6,　12,　18,　□,　□,　□,　□,　□,　□,　……

2 8の倍数を小さい順に書きましょう。　〔全部できて5点〕

8,　16,　□,　□,　□,　□,　□,　……

3 9の倍数を小さい順に書きましょう。　〔全部できて5点〕

9,　□,　□,　□,　□,　□,　……

4 6の倍数であり，8の倍数でもある数を小さい順に書きましょう。　〔全部できて5点〕

□,　□,　□,　□,　……

おぼえておこう
6の倍数であり8の倍数でもある数を，6と8の**公倍数**といいます。

5 6と9の公倍数を小さい順に書きましょう。　〔全部できて5点〕

□,　□,　□,　□,　……

6 4と6の公倍数を小さい順に書きましょう。　〔全部できて5点〕

□,　□,　□,　□,　……

おぼえておこう
公倍数のうちで，いちばん小さい数を，**最小公倍数**といいます。

7 □にあてはまる数字を入れましょう。　〔1問　5点〕

❶　6と9の最小公倍数は □

❷　4と6の最小公倍数は □

8 次の各組の最小公倍数を求めましょう。　〔1問　5点〕

例
（6, 9） → 18

❶　（6, 8） → □　　　　❷　（9, 12） → □

9 次の各組の最小公倍数を求めましょう。　〔1問　5点〕

❶ （ 4 ， 6 ） → ☐　　　❸ （ 9 ， 15 ） → ☐

❷ （ 6 ， 10 ） → ☐　　　❹ （ 4 ， 10 ） → ☐

10 ☐にあてはまる数字を入れて，分数のたし算をしましょう。　〔1問　5点〕

❶ $\dfrac{1}{6}+\dfrac{1}{9}$

❷ $\dfrac{1}{6}+\dfrac{4}{9}=\dfrac{\boxed{}}{18}+\dfrac{\boxed{}}{18}$

$=\dfrac{\boxed{}}{18}$

6と9の最小公倍数が18であることを使い，

$\dfrac{1}{6}=\dfrac{\boxed{}}{18}, \dfrac{1}{9}=\dfrac{\boxed{}}{18}$　となるから，

$\dfrac{1}{6}+\dfrac{1}{9}=\dfrac{\boxed{}}{18}+\dfrac{\boxed{}}{18}$

$=\dfrac{\boxed{}}{18}$

11 ☐にあてはまる数字や式を入れて，分数のたし算をしましょう。　〔1問　5点〕

❶ 6と8の最小公倍数は ☐ だから，

❷ $\dfrac{1}{6}+\dfrac{1}{8}=\dfrac{\boxed{}}{24}+\dfrac{\boxed{}}{24}$

$=\dfrac{\boxed{}}{24}$

❹ $\dfrac{5}{6}+\dfrac{1}{8}=\boxed{}$

$=\boxed{}$

❸ $\dfrac{1}{6}+\dfrac{5}{8}=\dfrac{\boxed{}}{\boxed{}}+\dfrac{\boxed{}}{\boxed{}}$

$=\dfrac{\boxed{}}{\boxed{}}$

まちがえた問題はやり直して，どこでまちがえたのか
をよくたしかめておこう。

☐ 点

分数のたし算(5)

| 月 日 | 名前 | はじめ 時 分 | おわり 時 分 |

1 各組の最小公倍数を求め，それを使ってたし算をしましょう。　〔1問　8点〕

例

$$(6, 8) \rightarrow \boxed{24}$$ 最小公倍数

$$\frac{1}{6} + \frac{1}{8} = \frac{4}{24} + \frac{3}{24}$$
$$= \frac{7}{24}$$

最小公倍数が見つかりにくいときは，分母の大きいほうの数の2倍，3倍，……を求めながらさがすとよいです。
$(8, 10) \rightarrow 10, 20, 30, \cdots$

❶ （ 4， 6 ） → ☐

$$\frac{1}{4} + \frac{1}{6} = \frac{\square}{12} + \frac{\square}{12}$$
$$=$$

❹ （ 8， 12 ） → ☐

$$\frac{3}{8} + \frac{1}{12} =$$

❷ （ 4， 10 ） → ☐

$$\frac{1}{4} + \frac{3}{10} =$$

❺ （ 9， 12 ） → ☐

$$\frac{1}{9} + \frac{1}{12} =$$

❸ （ 8， 10 ） → ☐

$$\frac{1}{8} + \frac{3}{10} =$$

❻ （ 6， 15 ） → ☐

$$\frac{1}{6} + \frac{4}{15} =$$

© くもん出版

2 次の各組の最小公倍数を求めましょう。　　　　　　　　　　　〔1問　2点〕

❶ （ 4 ， 6 ） → ☐

❷ （ 9 ， 12 ） → ☐

❸ （ 4 ， 14 ） → ☐

❹ （ 4 ， 11 ） → ☐

❺ （ 5 ， 12 ） → ☐

❻ （10， 12 ） → ☐

❼ （ 8 ， 14 ） → ☐

❽ （ 8 ， 10 ） → ☐

❾ （ 9 ， 15 ） → ☐

❿ （10， 15 ） → ☐

⓫ （10， 14 ） → ☐

⓬ （10， 18 ） → ☐

3　たし算をしましょう。　　　　　　　　　　　　　　　　　　〔1問　4点〕

❶ $\dfrac{3}{4}+\dfrac{1}{6}=\dfrac{\Box}{12}+\dfrac{\Box}{12}$

　　　　$=$

❷ $\dfrac{1}{9}+\dfrac{7}{12}=$

❸ $\dfrac{1}{4}+\dfrac{1}{14}=$

❹ $\dfrac{3}{10}+\dfrac{5}{12}=$

❺ $\dfrac{3}{8}+\dfrac{5}{14}=$

❻ $\dfrac{1}{9}+\dfrac{2}{15}=$

❼ $\dfrac{3}{10}+\dfrac{2}{15}=$

まちがいが多いようなら〈例〉をよく見て，通分のしか
たをたしかめておこう。

☐ 点

月　日　名前

はじめ　時　分　おわり　時　分

1 たし算をしましょう。　　　　　　　　　〔1問　5点〕

① $\dfrac{1}{4}+\dfrac{1}{6}=$

⑥ $\dfrac{5}{6}+\dfrac{1}{9}=$

② $\dfrac{3}{4}+\dfrac{1}{6}=$

⑦ $\dfrac{1}{8}+\dfrac{1}{12}=$

③ $\dfrac{1}{6}+\dfrac{1}{8}=$

⑧ $\dfrac{1}{8}+\dfrac{5}{12}=$

④ $\dfrac{1}{6}+\dfrac{7}{8}=$

⑨ $\dfrac{1}{9}+\dfrac{1}{15}=$

⑤ $\dfrac{1}{6}+\dfrac{1}{9}=$

⑩ $\dfrac{1}{9}+\dfrac{2}{15}=$

2 たし算をしましょう。 〔1問 5点〕

① $\dfrac{3}{8}+\dfrac{1}{10}=$

⑥ $\dfrac{2}{9}+\dfrac{7}{12}=$

② $\dfrac{1}{8}+\dfrac{9}{10}=$

⑦ $\dfrac{1}{10}+\dfrac{1}{15}=$

③ $\dfrac{1}{6}+\dfrac{1}{10}=$

⑧ $\dfrac{1}{10}+\dfrac{2}{15}=$

④ $\dfrac{1}{6}+\dfrac{3}{10}=$

⑨ $\dfrac{1}{6}+\dfrac{1}{14}=$

⑤ $\dfrac{2}{9}+\dfrac{1}{12}=$

⑩ $\dfrac{5}{6}+\dfrac{1}{14}=$

まちがえた問題はやり直して，どこでまちがえたのか
をよくたしかめておこう。

点

月　　日　名前

はじめ　時　分　おわり　時　分

1 たし算をしましょう。 〔1問 5点〕

① $\dfrac{1}{4}+\dfrac{5}{6}=\dfrac{\boxed{}}{12}+\dfrac{\boxed{}}{12}$

　　　　$=\dfrac{\boxed{}}{12}=1\dfrac{\boxed{}}{12}$

② $\dfrac{3}{4}+\dfrac{3}{10}=$

③ $\dfrac{5}{8}+\dfrac{7}{12}=$

④ $\dfrac{5}{6}+\dfrac{3}{8}=$

⑤ $\dfrac{3}{4}+\dfrac{3}{5}=$

⑥ $\dfrac{1}{2}+\dfrac{4}{7}=$

⑦ $\dfrac{2}{3}+\dfrac{2}{5}=$

⑧ $\dfrac{2}{3}+\dfrac{4}{7}=$

⑨ $\dfrac{5}{6}+\dfrac{3}{7}=$

⑩ $\dfrac{5}{8}+\dfrac{4}{9}=$

© くもん出版

2 たし算をしましょう。

❶ $\dfrac{5}{6} + \dfrac{1}{10} = \dfrac{\boxed{}}{30} + \dfrac{\boxed{}}{30}$

$= \dfrac{\boxed{}}{30} = \dfrac{\boxed{}}{15}$

❻ $\dfrac{1}{2} + \dfrac{2}{5} =$

❷ $\dfrac{1}{6} + \dfrac{2}{15} =$

❼ $\dfrac{2}{3} + \dfrac{1}{4} =$

❸ $\dfrac{1}{6} + \dfrac{3}{8} =$

❽ $\dfrac{1}{2} + \dfrac{3}{7} =$

❹ $\dfrac{1}{6} + \dfrac{5}{14} =$

❾ $\dfrac{3}{4} + \dfrac{1}{5} =$

❺ $\dfrac{7}{10} + \dfrac{2}{15} =$

❿ $\dfrac{1}{6} + \dfrac{3}{7} =$

36

分母を同じにするときは，最小公倍数を使いましょう。

点

19 分数のたし算（8）

むずかしさ ★★☆

月　日　名前

 はじめ　時　分　 おわり　時　分

1 たし算をしましょう。　〔1問　5点〕

① $\dfrac{5}{6}+\dfrac{4}{15}=\dfrac{\boxed{}}{30}+\dfrac{\boxed{}}{30}$

$=\dfrac{\boxed{}}{30}=1\dfrac{\boxed{}}{30}=1\dfrac{\boxed{}}{10}$

② $\dfrac{7}{10}+\dfrac{7}{15}=$

③ $\dfrac{3}{5}+\dfrac{11}{15}=$

④ $\dfrac{7}{8}+\dfrac{7}{24}=$

⑤ $\dfrac{3}{7}+\dfrac{19}{21}=$

⑥ $\dfrac{2}{3}+\dfrac{8}{15}=$

⑦ $\dfrac{6}{7}+\dfrac{9}{14}=$

⑧ $\dfrac{7}{10}+\dfrac{11}{20}=$

⑨ $\dfrac{5}{6}+\dfrac{7}{10}=$

⑩ $\dfrac{1}{5}+\dfrac{3}{10}=$

© くもん出版

37

2 たし算をしましょう。 〔1問 5点〕

① $\dfrac{1}{3} + \dfrac{5}{9} =$

② $\dfrac{1}{2} + \dfrac{3}{10} =$

③ $\dfrac{3}{4} + \dfrac{3}{10} =$

④ $\dfrac{3}{5} + \dfrac{13}{20} =$

⑤ $\dfrac{5}{6} + \dfrac{5}{8} =$

⑥ $\dfrac{5}{6} + \dfrac{1}{15} =$

⑦ $\dfrac{9}{10} + \dfrac{4}{15} =$

⑧ $\dfrac{5}{6} + \dfrac{2}{9} =$

⑨ $\dfrac{5}{6} + \dfrac{9}{14} =$

⑩ $\dfrac{7}{10} + \dfrac{13}{35} =$

まちがえた問題はやり直して，どこでまちがえたのか
をよくたしかめておこう。

点

月　日　名前

はじめ　時　分　おわり　時　分

1 たし算をしましょう。　　　　　　　　　　〔1問　5点〕

① $1\frac{1}{2} + 2\frac{1}{3} = 1\frac{\square}{6} + 2\frac{\square}{6}$

$\qquad = 3\frac{\square}{6}$

② $2\frac{1}{2} + 1\frac{1}{4} =$

③ $1\frac{1}{3} + 1\frac{1}{5} =$

④ $1\frac{1}{4} + 2\frac{1}{3} =$

⑤ $2\frac{1}{6} + 1\frac{1}{8} =$

⑥ $2\frac{1}{2} + \frac{3}{8} =$

⑦ $\frac{2}{5} + 1\frac{1}{3} =$

⑧ $2\frac{3}{5} + \frac{2}{15} =$

⑨ $1\frac{5}{8} + 2\frac{3}{16} =$

⑩ $2\frac{2}{9} + 3\frac{3}{4} =$

2 たし算をしましょう。 〔1問 5点〕

① $1\dfrac{1}{3}+2\dfrac{3}{4}=1\dfrac{\boxed{}}{12}+2\dfrac{\boxed{}}{12}$

$\phantom{1\dfrac{1}{3}+2\dfrac{3}{4}}=3\dfrac{\boxed{}}{12}=4\dfrac{\boxed{}}{12}$

⑥ $2\dfrac{1}{2}+\dfrac{2}{3}=$

② $2\dfrac{1}{3}+1\dfrac{5}{6}=$

⑦ $\dfrac{4}{5}+1\dfrac{2}{3}=$

③ $2\dfrac{3}{4}+2\dfrac{5}{9}=$

⑧ $2\dfrac{5}{6}+\dfrac{3}{4}=$

④ $1\dfrac{2}{3}+3\dfrac{7}{18}=$

⑨ $2\dfrac{1}{8}+3\dfrac{11}{12}=$

⑤ $2\dfrac{5}{6}+\dfrac{7}{12}=$

⑩ $1\dfrac{4}{9}+2\dfrac{5}{6}=$

© くもん出版

答えを書き終わったら見直しをして，まちがいを少なくしよう。

40

点

月　日　名前　　はじめ　時　分　　おわり　時　分

1 たし算をしましょう。　〔1問　5点〕

❶ $1\frac{1}{6} + 2\frac{1}{3} = 1\frac{1}{6} + 2\frac{\square}{6}$

$\qquad = 3\frac{\square}{6} =$

❷ $2\frac{1}{4} + 1\frac{5}{12} =$

❸ $1\frac{4}{9} + 3\frac{7}{18} =$

❹ $2\frac{1}{6} + 1\frac{3}{10} =$

❺ $\frac{3}{4} + 3\frac{1}{20} =$

❻ $1\frac{7}{15} + \frac{5}{6} =$

❼ $\frac{5}{8} + 1\frac{7}{24} =$

❽ $1\frac{9}{10} + 2\frac{1}{6} =$

❾ $2\frac{7}{12} + 3\frac{2}{3} =$

❿ $2\frac{11}{15} + 1\frac{1}{6} =$

① $3\frac{1}{2} + 1\frac{1}{6} =$

⑥ $1\frac{5}{6} + 2\frac{1}{12} =$

② $1\frac{1}{4} + \frac{5}{6} =$

⑦ $2\frac{1}{2} + \frac{9}{14} =$

③ $\frac{3}{10} + 2\frac{4}{5} =$

⑧ $1\frac{5}{6} + 1\frac{4}{15} =$

④ $2\frac{1}{4} + 1\frac{1}{10} =$

⑨ $\frac{5}{7} + 2\frac{8}{21} =$

⑤ $1\frac{3}{4} + 3\frac{5}{6} =$

⑩ $2\frac{3}{8} + 1\frac{7}{12} =$

答えを書き終わったら見直しをして，まちがいを少なくしよう。

点

月　日　名前　　はじめ　時　分　おわり　時　分

おぼえておこう

●最小公倍数を求めるには，次のような方法もあります。

〈例〉　（ 8 ， 12 ）　→　24

最大公約数が見つかるとき

$4 \overline{)8, 12}$　←最大公約数でわる
　　2，　3

$4 \times 2 \times 3 =$　24

最大公約数が見つからないとき
（かんたんな公約数でわる）

$2 \overline{)8, 12}$　←2でわる
$2 \overline{)4, 6}$　←2でわる
　　2，　3　←これ以上われない

$2 \times 2 \times 2 \times 3 =$　24

---

1 次の各組の最小公倍数を求めましょう。　〔1問　5点〕

❶ （ 12 ， 16 ）　→　□

❷ （ 8 ， 20 ）　→　□

❸ （ 12 ， 20 ）　→　□

❹ （ 9 ， 18 ）　→　□

❺ （ 16 ， 20 ）　→　□

❻ （ 24 ， 30 ）　→　□

❼ （ 32 ， 48 ）　→　□

❽ （ 20 ， 24 ）　→　□

❾ （ 30 ， 48 ）　→　□

❿ （ 36 ， 42 ）　→　□

© くもん出版

2 たし算をしましょう。 〔1問 5点〕

① $\dfrac{1}{8}+\dfrac{1}{12}=\dfrac{\square}{24}+\dfrac{\square}{24}$

$=$

⑥ $\dfrac{5}{12}+\dfrac{8}{15}=$

② $\dfrac{1}{8}+\dfrac{7}{20}=$

⑦ $\dfrac{8}{15}+\dfrac{3}{25}=$

③ $\dfrac{5}{12}+\dfrac{3}{16}=$

⑧ $\dfrac{3}{16}+\dfrac{1}{20}=$

④ $\dfrac{7}{12}+\dfrac{5}{18}=$

⑨ $\dfrac{7}{32}+\dfrac{5}{48}=$

⑤ $\dfrac{5}{12}+\dfrac{7}{20}=$

⑩ $\dfrac{1}{24}+\dfrac{7}{30}=$

まちがえた問題はやり直して，どこでまちがえたのか
をよくたしかめておこう。

44

点

| 月 日 | 名前 | | はじめ 時 分 | おわり 時 分 |

1 ひき算をしましょう。 〔1問　5点〕

> **例**
>
> $$\frac{3}{4} - \frac{1}{8} = \frac{6}{8} - \frac{1}{8} = \frac{5}{8}$$

❶ $\dfrac{3}{4} - \dfrac{5}{8} = \dfrac{\square}{8} - \dfrac{5}{8}$

   $=$

❻ $\dfrac{1}{2} - \dfrac{1}{5} = \dfrac{\square}{10} - \dfrac{\square}{10}$

   $=$

❷ $\dfrac{3}{4} - \dfrac{3}{8} =$

❼ $\dfrac{1}{2} - \dfrac{2}{5} =$

❸ $\dfrac{1}{4} - \dfrac{1}{8} =$

❽ $\dfrac{1}{4} - \dfrac{1}{5} =$

❹ $\dfrac{1}{3} - \dfrac{1}{9} =$

❾ $\dfrac{1}{3} - \dfrac{1}{5} =$

❺ $\dfrac{2}{3} - \dfrac{2}{9} =$

❿ $\dfrac{2}{5} - \dfrac{1}{3} =$

© くもん出版

45

2 ひき算をしましょう。 〔1問 5点〕

① $\dfrac{5}{4} - \dfrac{3}{8} = \dfrac{\boxed{}}{8} - \dfrac{3}{8}$

   $= $

② $\dfrac{5}{4} - \dfrac{5}{8} = $

③ $\dfrac{3}{2} - \dfrac{5}{8} = $

④ $\dfrac{9}{8} - \dfrac{1}{4} = $

⑤ $\dfrac{7}{6} - \dfrac{1}{3} = $

⑥ $\dfrac{4}{3} - \dfrac{2}{5} = \dfrac{\boxed{}}{15} - \dfrac{\boxed{}}{15}$

   $= $

⑦ $\dfrac{7}{5} - \dfrac{1}{2} = $

⑧ $\dfrac{7}{4} - \dfrac{5}{6} = $

⑨ $\dfrac{7}{6} - \dfrac{5}{8} = $

⑩ $\dfrac{10}{9} - \dfrac{5}{6} = $

答えを書き終わったら見直しをして，まちがいを少なくしよう。

点

むずかしさ ★★☆

| 月　日 | 名前 | はじめ　時　分　おわり　時　分 |

1 ひき算をしましょう。　〔1問　5点〕

① $2\dfrac{1}{3} - 1\dfrac{1}{9} = 2\dfrac{\square}{9} - 1\dfrac{1}{9}$

　　　　$= \square\dfrac{\square}{9}$

② $2\dfrac{1}{2} - 1\dfrac{1}{3} = 2\dfrac{\square}{6} - 1\dfrac{\square}{6}$

　　　　$= 1\dfrac{\square}{6}$

③ $2\dfrac{3}{5} - \dfrac{3}{10} =$

④ $3\dfrac{7}{9} - \dfrac{1}{3} =$

⑤ $4\dfrac{5}{12} - 1\dfrac{3}{8} =$

⑥ $2\dfrac{3}{4} - 1\dfrac{1}{2} =$

⑦ $3\dfrac{6}{7} - 1\dfrac{2}{3} =$

⑧ $2\dfrac{7}{9} - \dfrac{5}{12} =$

⑨ $3\dfrac{5}{6} - 2\dfrac{3}{4} =$

⑩ $2\dfrac{7}{8} - 1\dfrac{2}{3} =$

2 ひき算をしましょう。

① $\dfrac{2}{3} - \dfrac{1}{6} = \dfrac{\square}{6} - \dfrac{1}{6}$

$\hspace{3em} = \dfrac{\square}{6} = \dfrac{}{2}$

⑥ $\dfrac{3}{4} - \dfrac{1}{6} = \dfrac{\square}{12} - \dfrac{\square}{12}$

$\hspace{3em} =$

② $\dfrac{1}{2} - \dfrac{1}{6} =$

⑦ $\dfrac{1}{6} - \dfrac{1}{8} =$

③ $\dfrac{1}{2} - \dfrac{3}{10} =$

⑧ $\dfrac{5}{6} - \dfrac{2}{9} =$

④ $\dfrac{3}{5} - \dfrac{1}{10} =$

⑨ $\dfrac{5}{6} - \dfrac{1}{10} =$

⑤ $\dfrac{4}{5} - \dfrac{3}{10} =$

⑩ $\dfrac{5}{6} - \dfrac{3}{10} =$

© くもん出版

答えを書き終わったら見直しをして，まちがいを少なくしよう。

点

月　　日　名前

はじめ　時　分　おわり　時　分

1 ひき算をしましょう。　　　　　　　　〔1問　5点〕

① $\dfrac{4}{3} - \dfrac{5}{6} = \dfrac{\square}{6} - \dfrac{5}{6}$

$= \dfrac{\square}{6} =$

② $\dfrac{3}{2} - \dfrac{7}{10} =$

③ $\dfrac{7}{5} - \dfrac{9}{10} =$

④ $\dfrac{4}{3} - \dfrac{7}{12} =$

⑤ $\dfrac{5}{4} - \dfrac{5}{12} =$

⑥ $\dfrac{16}{15} - \dfrac{2}{3} =$

⑦ $\dfrac{7}{6} - \dfrac{3}{10} =$

⑧ $\dfrac{17}{15} - \dfrac{5}{6} =$

⑨ $\dfrac{11}{10} - \dfrac{4}{15} =$

⑩ $\dfrac{15}{14} - \dfrac{5}{21} =$

2 ひき算をしましょう。 〔1問 5点〕

① $1\dfrac{1}{4} - \dfrac{1}{12} =$

⑥ $2\dfrac{5}{8} - 1\dfrac{5}{12} =$

② $1\dfrac{3}{4} - 1\dfrac{5}{12} =$

⑦ $3\dfrac{9}{10} - 1\dfrac{1}{15} =$

③ $2\dfrac{5}{6} - 1\dfrac{7}{12} =$

⑧ $3\dfrac{7}{10} - 2\dfrac{1}{6} =$

④ $2\dfrac{8}{15} - 2\dfrac{1}{5} =$

⑨ $4\dfrac{5}{14} - 1\dfrac{3}{10} =$

⑤ $2\dfrac{7}{18} - \dfrac{1}{6} =$

⑩ $5\dfrac{7}{18} - 2\dfrac{3}{10} =$

まちがえた問題はやり直して，どこでまちがえたのか
をよくたしかめておこう。

点

むずかしさ
★★☆

月　日　名前

 はじめ　　時　　分　 おわり　　時　　分

1 ひき算をしましょう。　　　　　　　　　　　　　　〔1問　5点〕

① $\dfrac{3}{4} - \dfrac{1}{2} =$

② $2\dfrac{5}{6} - \dfrac{2}{9} =$

③ $\dfrac{3}{4} - \dfrac{1}{6} =$

④ $\dfrac{1}{6} - \dfrac{1}{10} =$

⑤ $\dfrac{7}{8} - \dfrac{5}{12} =$

⑥ $\dfrac{3}{2} - \dfrac{7}{8} =$

⑦ $\dfrac{7}{6} - \dfrac{2}{3} =$

⑧ $\dfrac{5}{4} - \dfrac{5}{6} =$

⑨ $3\dfrac{1}{2} - \dfrac{5}{14} =$

⑩ $\dfrac{16}{15} - \dfrac{9}{10} =$

© くもん出版

51

2 ひき算をしましょう。

① $\dfrac{2}{3} - \dfrac{1}{2} =$

⑥ $3\dfrac{5}{6} - 3\dfrac{1}{18} =$

② $\dfrac{5}{3} - \dfrac{3}{4} =$

⑦ $\dfrac{3}{2} - \dfrac{5}{6} =$

③ $2\dfrac{3}{4} - 1\dfrac{5}{7} =$

⑧ $\dfrac{3}{4} - \dfrac{3}{10} =$

④ $\dfrac{6}{7} - \dfrac{3}{8} =$

⑨ $6\dfrac{5}{7} - 3\dfrac{1}{21} =$

⑤ $\dfrac{9}{8} - \dfrac{5}{6} =$

⑩ $\dfrac{15}{14} - \dfrac{5}{21} =$

© くもん出版

まちがえた問題はやり直して，どこでまちがえたのか
をよくたしかめておこう。

点

月　　日　　名前

はじめ　　時　　分　　おわり　　時　　分

1 ひき算をしましょう。　　　　〔1問　5点〕

① $1\dfrac{1}{2} - \dfrac{7}{8} = 1\dfrac{\square}{8} - \dfrac{7}{8}$

$= \dfrac{\square}{8} - \dfrac{7}{8}$

$=$

② $1\dfrac{1}{4} - \dfrac{7}{8} = 1\dfrac{\square}{8} - \dfrac{\square}{8}$

$=$

③ $2\dfrac{2}{3} - \dfrac{7}{9} = 2\dfrac{\square}{9} - \dfrac{7}{9}$

$= 1\dfrac{\square}{9} - \dfrac{7}{9}$

$= 1\dfrac{\square}{9}$

④ $2\dfrac{1}{4} - \dfrac{1}{2} =$

⑤ $3\dfrac{1}{7} - \dfrac{1}{3} =$

⑥ $1\dfrac{1}{3} - \dfrac{5}{6} = 1\dfrac{\square}{6} - \dfrac{5}{6}$

$= \dfrac{\square}{6} - \dfrac{5}{6}$

$= \dfrac{\square}{6} = \dfrac{\square}{2}$

⑦ $1\dfrac{2}{5} - \dfrac{9}{10} =$

⑧ $1\dfrac{1}{4} - \dfrac{5}{12} =$

⑨ $1\dfrac{1}{15} - \dfrac{2}{3} =$

⑩ $2\dfrac{1}{6} - \dfrac{5}{12} =$

2 ひき算をしましょう。　　　　　　　　　　　　　　　〔1問　5点〕

① $4\dfrac{2}{3} - 2\dfrac{5}{6} = 4\dfrac{\boxed{}}{6} - 2\dfrac{5}{6}$

$= 3\dfrac{\boxed{}}{6} - 2\dfrac{5}{6}$

$= \boxed{}\dfrac{\boxed{}}{6}$

⑥ $4\dfrac{5}{18} - 2\dfrac{1}{2} =$

② $4\dfrac{1}{3} - 1\dfrac{2}{5} =$

⑦ $3\dfrac{7}{12} - 1\dfrac{3}{4} =$

③ $2\dfrac{3}{10} - 1\dfrac{3}{4} =$

⑧ $5\dfrac{1}{2} - 4\dfrac{5}{6} =$

④ $3\dfrac{5}{8} - 2\dfrac{5}{6} =$

⑨ $4\dfrac{1}{2} - 2\dfrac{9}{10} =$

⑤ $4\dfrac{2}{7} - 1\dfrac{5}{14} =$

⑩ $3\dfrac{1}{10} - 1\dfrac{1}{6} =$

まちがえた問題はやり直して，どこでまちがえたのか
をよくたしかめておこう。

54

点

むずかしさ ★★☆

月　日　名前

はじめ　時　分　おわり　時　分

1　ひき算をしましょう。

〔1問　5点〕

❶　$2\dfrac{2}{3} - 1\dfrac{1}{6} = 2\dfrac{\Box}{6} - 1\dfrac{1}{6}$

　　　　　　$= 1\dfrac{\Box}{6} =$

❷　$3\dfrac{7}{12} - 1\dfrac{1}{3} =$

❸　$1\dfrac{1}{6} - \dfrac{1}{10} =$

❹　$2\dfrac{2}{3} - \dfrac{5}{12} =$

❺　$3\dfrac{5}{7} - 2\dfrac{3}{14} =$

❻　$3\dfrac{3}{10} - 1\dfrac{4}{5} = 3\dfrac{3}{10} - 1\dfrac{\Box}{10}$

　　　　　　$= 2\dfrac{\Box}{10} - 1\dfrac{\Box}{10}$

　　　　　　$= 1\dfrac{\Box}{10} =$

❼　$4\dfrac{1}{6} - 2\dfrac{2}{3} =$

❽　$3\dfrac{1}{10} - 1\dfrac{5}{6} =$

❾　$2\dfrac{1}{4} - \dfrac{5}{12} =$

❿　$1\dfrac{11}{15} - \dfrac{9}{10} =$

2 ひき算をしましょう。

① $2\dfrac{3}{4} - 1\dfrac{1}{2} =$

⑥ $3\dfrac{1}{2} - \dfrac{7}{10} =$

② $3\dfrac{5}{6} - 2\dfrac{1}{2} =$

⑦ $2\dfrac{5}{6} - 1\dfrac{3}{10} =$

③ $2\dfrac{1}{3} - \dfrac{7}{9} =$

⑧ $3\dfrac{2}{3} - 1\dfrac{1}{8} =$

④ $3\dfrac{3}{7} - 1\dfrac{5}{14} =$

⑨ $4\dfrac{1}{2} - 3\dfrac{5}{6} =$

⑤ $1\dfrac{3}{4} - \dfrac{7}{12} =$

⑩ $1\dfrac{3}{8} - \dfrac{3}{4} =$

まちがえた問題はやり直して，どこでまちがえたのか
をよくたしかめておこう。

56

点

| 月 日 | 名前 | はじめ 時 分 おわり 時 分 |

1 たし算をしましょう。 〔1問 5点〕

① $\dfrac{1}{4}+\dfrac{1}{6}+\dfrac{1}{8}=\dfrac{\square}{24}+\dfrac{\square}{24}+\dfrac{\square}{24}$

　　　　　　　$=$

⑥ $\dfrac{1}{2}+\dfrac{1}{3}+\dfrac{1}{5}=$

② $\dfrac{1}{4}+\dfrac{1}{6}+\dfrac{3}{8}=$

⑦ $\dfrac{1}{2}+\dfrac{2}{3}+\dfrac{4}{5}=$

③ $\dfrac{1}{4}+\dfrac{1}{6}+\dfrac{5}{8}=$

⑧ $\dfrac{1}{3}+\dfrac{1}{5}+\dfrac{1}{4}=$

④ $\dfrac{1}{2}+\dfrac{1}{3}+\dfrac{1}{4}=\dfrac{\square}{12}+\dfrac{\square}{12}+\dfrac{\square}{12}$

　　　　　　　$=\dfrac{\square}{12}=1\dfrac{\square}{12}$

⑨ $\dfrac{1}{3}+\dfrac{2}{5}+\dfrac{3}{4}=$

⑤ $\dfrac{1}{2}+\dfrac{2}{3}+\dfrac{3}{4}=$

⑩ $\dfrac{2}{3}+\dfrac{4}{5}+\dfrac{3}{4}=$

2 下の〈例〉のように，各組の最小公倍数を求めましょう。 〔1問 5点〕

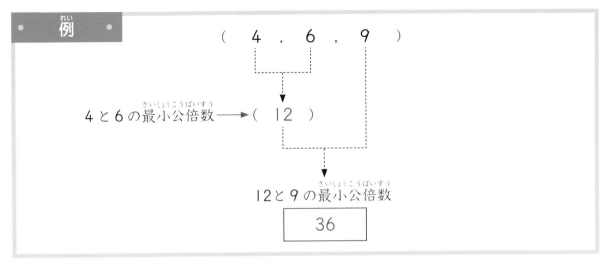

① （ 2 , 4 , 7 ） → ☐　　③ （ 3 , 4 , 9 ） → ☐

② （ 2 , 5 , 15 ） → ☐　　④ （ 5 , 8 , 10 ） → ☐

3 （ ）と☐にあてはまる数字を入れて（4，6，9）の最小公倍数を求めましょう。
〔1問 5点〕

① 6と9の最小公倍数は （　　　）

　　　　　　　　　　　（　　　）と4の最小公倍数は ☐

② 4と9の最小公倍数は （　　　）

　　　　　　　　　　　（　　　）と6の最小公倍数は ☐

4 次の各組の最小公倍数を求めましょう。 〔1問 5点〕

① （ 2 , 3 , 8 ） → ☐　　③ （ 4 , 6 , 10 ） → ☐

② （ 3 , 6 , 9 ） → ☐　　④ （ 6 , 8 , 12 ） → ☐

© くもん出版

答えを書き終わったら見直しをして，まちがいを少な
くしよう。

　点

3つの分数のたし算・ひき算(2)

むずかしさ ★★★

月　日　名前

はじめ　時　分　　おわり　時　分

1 次の各組の最小公倍数を求めましょう。　〔1問　4点〕

❶ （ 2 ， 3 ， 4 ） → [　　]

❷ （ 2 ， 3 ， 9 ） → [　　]

❸ （ 2 ， 4 ， 6 ） → [　　]

❹ （ 2 ， 4 ， 10 ） → [　　]

❺ （ 2 ， 5 ， 9 ） → [　　]

❻ （ 2 ， 6 ， 8 ） → [　　]

❼ （ 3 ， 4 ， 10 ） → [　　]

❽ （ 3 ， 5 ， 6 ） → [　　]

❾ （ 3 ， 6 ， 8 ） → [　　]

❿ （ 4 ， 5 ， 8 ） → [　　]

⓫ （ 4 ， 6 ， 18 ） → [　　]

⓬ （ 4 ， 7 ， 14 ） → [　　]

⓭ （ 5 ， 6 ， 9 ） → [　　]

⓮ （ 5 ， 8 ， 12 ） → [　　]

⓯ （ 6 ， 8 ， 12 ） → [　　]

おぼえておこう

●最小公倍数を求めるには，次のような方法もあります。

〈例〉 （4, 6, 9） → [36]

```
2 ) 4, 6, 9
3 ) 2, 3, 9
    2  1  3
```
← 3つのうち2つ以上われる数でわりつづける（われない数はそのまま下におろす）。→

$2 \times 3 \times 2 \times 1 \times 3 =$ [36]

〈例〉 （6, 8, 16） → [48]

```
2 ) 6, 8, 16
2 ) 3, 4, 8
2 ) 3, 2, 4
    3  1  2
```

$2 \times 2 \times 2 \times 3 \times 1 \times 2 =$ [48]

2 たし算をしましょう。　　　　　　　　　　　　　　　　〔1問　4点〕

① $\dfrac{1}{2}+\dfrac{1}{3}+\dfrac{1}{4}=\dfrac{\square}{12}+\dfrac{\square}{12}+\dfrac{\square}{12}$

$=\dfrac{\boxed{}}{12}=1\dfrac{\square}{12}$

② $\dfrac{1}{2}+\dfrac{1}{3}+\dfrac{1}{8}=$

③ $\dfrac{1}{2}+\dfrac{1}{4}+\dfrac{1}{10}=$

④ $\dfrac{1}{2}+\dfrac{1}{5}+\dfrac{1}{8}=$

⑤ $\dfrac{1}{3}+\dfrac{1}{4}+\dfrac{1}{8}=$

⑥ $\dfrac{1}{3}+\dfrac{1}{5}+\dfrac{1}{6}=$

⑦ $\dfrac{1}{3}+\dfrac{1}{6}+\dfrac{1}{8}=$

⑧ $\dfrac{1}{2}+\dfrac{1}{9}+\dfrac{1}{12}=$

⑨ $\dfrac{1}{4}+\dfrac{1}{5}+\dfrac{1}{8}=$

⑩ $\dfrac{1}{4}+\dfrac{1}{6}+\dfrac{1}{8}=$

まちがえた問題はやり直して，どこでまちがえたのか
をよくたしかめておこう。

点

3つの分数のたし算・ひき算(3)

月　日　名前

はじめ　時　分　おわり　時　分

1 たし算をしましょう。　〔1問　5点〕

① $\dfrac{1}{2}+\dfrac{1}{3}+\dfrac{5}{6}=$

② $\dfrac{1}{2}+\dfrac{3}{4}+\dfrac{1}{6}=$

③ $\dfrac{1}{2}+\dfrac{3}{5}+\dfrac{1}{6}=$

④ $\dfrac{1}{3}+\dfrac{1}{4}+\dfrac{5}{6}=$

⑤ $\dfrac{2}{3}+\dfrac{1}{5}+\dfrac{2}{9}=$

⑥ $\dfrac{1}{3}+\dfrac{5}{6}+\dfrac{3}{10}=$

⑦ $\dfrac{1}{4}+\dfrac{5}{6}+\dfrac{4}{9}=$

⑧ $\dfrac{1}{6}+\dfrac{5}{8}+\dfrac{7}{12}=$

⑨ $\dfrac{7}{10}+\dfrac{1}{12}+\dfrac{4}{15}=$

⑩ $\dfrac{5}{9}+\dfrac{7}{10}+\dfrac{5}{18}=$

2 たし算をしましょう。 〔1問 5点〕

① $1\dfrac{1}{2}+2\dfrac{1}{3}+\dfrac{1}{4}=1\dfrac{\boxed{}}{12}+2\dfrac{\boxed{}}{12}+\dfrac{\boxed{}}{12}$ 　⑥ $5\dfrac{1}{4}+2\dfrac{6}{7}+\dfrac{9}{14}=$

$=$

② $1\dfrac{1}{8}+\dfrac{1}{2}+\dfrac{2}{3}=$ 　⑦ $1\dfrac{1}{2}+\dfrac{11}{12}+5\dfrac{3}{16}=$

③ $\dfrac{2}{5}+2\dfrac{1}{8}+1\dfrac{3}{4}=$ 　⑧ $4\dfrac{3}{7}+3\dfrac{5}{9}+\dfrac{19}{21}=$

④ $\dfrac{1}{12}+1\dfrac{1}{3}+2\dfrac{1}{4}=$ 　⑨ $4\dfrac{1}{8}+\dfrac{8}{15}+3\dfrac{17}{24}=$

⑤ $4\dfrac{2}{5}+3\dfrac{1}{6}+\dfrac{1}{12}=$ 　⑩ $3\dfrac{7}{9}+5\dfrac{5}{18}+\dfrac{1}{30}=$

答えを書き終わったら見直しをして，まちがいを少な
くしよう。

点

月　日　名前

はじめ　時　分　おわり　時　分

1 計算をしましょう。　　　　　　　　　　　　　　〔1問　5点〕

① $\dfrac{1}{2} + \dfrac{1}{3} - \dfrac{1}{4} = \dfrac{\square}{12} + \dfrac{\square}{12} - \dfrac{\square}{12}$

$= \dfrac{\square}{12}$

② $\dfrac{1}{3} + \dfrac{1}{4} - \dfrac{1}{5} =$

③ $\dfrac{1}{3} + \dfrac{1}{7} - \dfrac{1}{6} =$

④ $\dfrac{1}{3} + \dfrac{3}{4} - \dfrac{5}{6} = \dfrac{\square}{12} + \dfrac{\square}{12} - \dfrac{\square}{12}$

$= \dfrac{\square}{12} =$

⑤ $\dfrac{1}{2} + \dfrac{2}{3} - \dfrac{3}{5} =$

⑥ $\dfrac{2}{3} + \dfrac{2}{5} - \dfrac{5}{6} =$

⑦ $\dfrac{6}{7} + \dfrac{1}{4} - \dfrac{1}{6} =$

⑧ $\dfrac{7}{8} - \dfrac{1}{2} - \dfrac{1}{3} =$

⑨ $\dfrac{3}{4} - \dfrac{1}{6} - \dfrac{3}{8} =$

⑩ $\dfrac{6}{7} - \dfrac{1}{8} - \dfrac{1}{2} =$

2 計算をしましょう。 〔1問 5点〕

① $\dfrac{5}{6} - \dfrac{1}{2} + \dfrac{3}{8} =$

② $\dfrac{7}{8} - \dfrac{2}{3} + \dfrac{1}{6} =$

③ $\dfrac{3}{8} - \dfrac{2}{9} + \dfrac{2}{3} =$

④ $\dfrac{8}{9} + \dfrac{1}{4} - \dfrac{2}{3} =$

⑤ $\dfrac{7}{12} - \dfrac{1}{3} - \dfrac{1}{4} =$

⑥ $\dfrac{1}{2} + 4\dfrac{2}{3} - 3\dfrac{3}{4}$

$= \dfrac{\boxed{}}{12} + 4\dfrac{\boxed{}}{12} - 3\dfrac{\boxed{}}{12}$

$= 1\dfrac{\boxed{}}{12}$

⑦ $\dfrac{7}{9} + 1\dfrac{1}{3} - \dfrac{3}{5} =$

⑧ $3\dfrac{5}{9} + 5\dfrac{5}{6} - 4\dfrac{3}{8} =$

⑨ $2\dfrac{1}{4} + \dfrac{1}{6} - \dfrac{1}{2}$

$= 2\dfrac{\boxed{}}{12} + \dfrac{2}{12} - \dfrac{6}{12}$

$= 1\dfrac{\boxed{}}{12} + \dfrac{2}{12} - \dfrac{6}{12} =$

⑩ $5\dfrac{1}{9} + \dfrac{1}{6} - \dfrac{2}{3} =$

まちがえた問題はやり直して，どこでまちがえたのか
をよくたしかめておこう。

64

点

月　日　名前　　　はじめ　時　分　おわり　時　分

1 計算をしましょう。 〔1問 5点〕

① $3\dfrac{2}{3} - \dfrac{5}{6} - \dfrac{1}{2} = 3\dfrac{\square}{6} - \dfrac{5}{6} - \dfrac{3}{6}$

$= 2\dfrac{\square}{6} - \dfrac{5}{6} - \dfrac{3}{6}$

$=$

② $2\dfrac{7}{9} - \dfrac{1}{2} - \dfrac{2}{3} =$

③ $2\dfrac{1}{2} - \dfrac{2}{3} - \dfrac{1}{6} =$

④ $4\dfrac{1}{5} - 1\dfrac{3}{10} - \dfrac{7}{15} =$

⑤ $4\dfrac{5}{6} - \dfrac{8}{9} - 1\dfrac{1}{12} =$

⑥ $3\dfrac{1}{6} - 1\dfrac{1}{2} - \dfrac{3}{4} =$

⑦ $2\dfrac{1}{9} - \dfrac{1}{2} - \dfrac{2}{3} =$

⑧ $3\dfrac{1}{9} - 1\dfrac{5}{6} - \dfrac{3}{10} =$

⑨ $4\dfrac{5}{12} - 1\dfrac{2}{3} - 1\dfrac{3}{4} =$

⑩ $8\dfrac{1}{15} - \dfrac{5}{6} - \dfrac{9}{10} =$

2 計算をしましょう。　　　　　　　　　　　　　〔1問　5点〕

① $9\dfrac{2}{7} - \dfrac{3}{7} + \dfrac{4}{7} =$

⑥ $3\dfrac{1}{6} - 2\dfrac{3}{4} + 1\dfrac{2}{3} =$

② $9\dfrac{2}{7} + \dfrac{4}{7} - \dfrac{3}{7} =$

①と②は答えが同じ。
①は②のようにするほう
が計算しやすいよ。

⑦ $3\dfrac{1}{12} - 2\dfrac{5}{6} + 1\dfrac{7}{8} =$

③ $3\dfrac{1}{7} - \dfrac{3}{7} + \dfrac{5}{7} = 3\dfrac{1}{7} + \dfrac{5}{7} - \dfrac{3}{7}$

$\qquad\qquad\qquad =$

⑧ $8 - 3\dfrac{3}{4} + 2\dfrac{5}{6} =$

④ $3\dfrac{1}{8} - 2\dfrac{1}{4} + 1\dfrac{1}{2} = 3\dfrac{1}{8} - 2\dfrac{\square}{8} + 1\dfrac{\square}{8}$

$\qquad\qquad\qquad = 3\dfrac{1}{8} + 1\dfrac{\square}{8} - 2\dfrac{\square}{8}$

$\qquad\qquad\qquad =$

⑨ $8\dfrac{5}{14} - \left(3\dfrac{1}{6} + 2\dfrac{7}{12}\right) =$

⑤ $3\dfrac{1}{3} - 1\dfrac{1}{2} + \dfrac{3}{4} =$

⑩ $7\dfrac{9}{14} - \left(3\dfrac{3}{7} - 2\dfrac{5}{6}\right) =$

© くもん出版

答えを書き終わったら見直しをして，まちがいを少な
くしよう。

　　　　点

| 月 日 | 名前 | | はじめ 時 分 | おわり 時 分 |

1 計算をしましょう。　　　　　　　　　　　　　　　　　〔1問 5点〕

> **例**
>
> $$\frac{2}{3} \times \frac{4}{5} = \frac{2 \times 4}{3 \times 5} = \frac{8}{15}$$
>
> 分数のかけ算は分母どうし
> 分子どうしをかけます。

① $\dfrac{2}{3} \times \dfrac{4}{7} = \dfrac{2 \times 4}{3 \times 7} = \dfrac{\square}{21}$

② $\dfrac{3}{5} \times \dfrac{1}{2} =$

③ $\dfrac{1}{4} \times \dfrac{3}{5} =$

④ $\dfrac{1}{4} \times \dfrac{5}{6} =$

⑤ $\dfrac{1}{3} \times \dfrac{5}{7} =$

⑥ $\dfrac{2}{3} \times \dfrac{1}{5} =$

⑦ $\dfrac{1}{5} \times \dfrac{3}{4} =$

⑧ $\dfrac{3}{4} \times \dfrac{3}{7} =$

⑨ $\dfrac{3}{7} \times \dfrac{2}{5} =$

⑩ $\dfrac{3}{5} \times \dfrac{3}{8} =$

2 計算をしましょう。(とちゅうで約分しましょう。) 〔1問 5点〕

例

$$\frac{6}{7} \times \frac{5}{9} = \frac{\overset{2}{\cancel{6}} \times 5}{7 \times \underset{3}{\cancel{9}}} = \frac{10}{21} \qquad \boxed{\frac{6}{9} = \frac{2}{3}}$$

① $\dfrac{3}{4} \times \dfrac{5}{6} = \dfrac{\overset{1}{\cancel{3}} \times 5}{4 \times \underset{2}{\cancel{6}}} = \dfrac{\square}{8}$

⑥ $\dfrac{3}{4} \times \dfrac{4}{5} =$

② $\dfrac{2}{3} \times \dfrac{1}{4} =$

⑦ $\dfrac{4}{5} \times \dfrac{5}{7} =$

③ $\dfrac{2}{5} \times \dfrac{3}{4} =$

⑧ $\dfrac{2}{3} \times \dfrac{6}{7} =$

④ $\dfrac{3}{5} \times \dfrac{1}{6} =$

⑨ $\dfrac{5}{6} \times \dfrac{4}{7} =$

⑤ $\dfrac{4}{5} \times \dfrac{1}{2} =$

⑩ $\dfrac{1}{4} \times \dfrac{6}{7} =$

分数のかけ算にちょう戦します。約分できるときは,
計算のとちゅうで約分しておきましょう。

点

月　　日　名前

はじめ　時　　分　おわり　時　　分

1 わり算をして，分数を小数に直しましょう。　〔1問　4点〕

例
$\dfrac{2}{5}=2\div5=0.4$　　　$\dfrac{6}{5}=6\div5=1.2$

❶　$\dfrac{1}{5}=1\div5=$

❷　$\dfrac{3}{5}=\boxed{}\div\boxed{}=$

❸　$\dfrac{8}{5}=$

❹　$\dfrac{1}{2}=$

❺　$\dfrac{1}{4}=$

❻　$\dfrac{3}{4}=$

❼　$\dfrac{1}{8}=$

❽　$\dfrac{5}{8}=$

❾　$\dfrac{27}{8}=$

❿　$\dfrac{3}{10}=$

⓫　$\dfrac{7}{10}=$

⓬　$\dfrac{23}{10}=$

© くもん出版

分数を小数に直しましょう。　　　　　　　　〔1問　4点〕

① $\dfrac{1}{25}=$

② $\dfrac{3}{25}=$

③ $\dfrac{70}{25}=$

④ $\dfrac{3}{20}=$

⑤ $\dfrac{5}{2}=$

⑥ $\dfrac{7}{4}=$

⑦ $\dfrac{9}{8}=$

⑧ $\dfrac{25}{4}=$

⑨ $\dfrac{410}{25}=$

⑩ $\dfrac{2}{100}=$

⑪ $\dfrac{123}{100}=$

⑫ $\dfrac{307}{100}=$

⑬ $\dfrac{7}{1000}=$

答えを書き終わったら見直しをして，まちがいを少なくしよう。

点

分数と小数(2)

1 小数を分数に直し，約分できるときは約分しましょう。　〔1問　4点〕

例

$0.1 = \dfrac{1}{10}$　　　　$0.01 = \dfrac{1}{100}$　　　　$0.001 = \dfrac{1}{1000}$

$0.2 = \dfrac{2}{10} = \dfrac{1}{5}$　　$0.02 = \dfrac{2}{100} = \dfrac{1}{50}$　　$0.002 = \dfrac{2}{1000} = \dfrac{1}{500}$

$0.3 = \dfrac{3}{10}$　　　　$0.03 = \dfrac{3}{100}$　　　　$0.003 = \dfrac{3}{1000}$

$\vdots$　　　　　　　　$\vdots$　　　　　　　　$\vdots$

---

① $0.7 =$

② $0.33 =$

③ $0.4 = \dfrac{\square}{10} = \dfrac{\square}{5}$

④ $0.6 =$

⑤ $0.06 = \dfrac{\square}{100} =$

⑥ $0.08 =$

⑦ $0.14 = \dfrac{\square}{100} =$

⑧ $0.05 =$

⑨ $0.36 =$

⑩ $0.004 = \dfrac{\square}{1000} =$

⑪ $0.012 =$

⑫ $0.025 =$

2 小数を分数に直し，約分しましょう。（答えは真分数か帯分数で） 〔1問 4点〕

❶ $1.2 = 1\dfrac{2}{10} = 1\dfrac{\square}{5}$

❽ $22.5 =$

❷ $1.5 = 1\dfrac{\square}{10} =$

❾ $2.25 =$

❸ $2.6 = 2\dfrac{\square}{10} =$

❿ $3.75 =$

❹ $7.5 =$

⓫ $1.24 =$

❺ $8.4 =$

⓬ $0.024 =$

❻ $12.8 = 12\dfrac{\square}{10} =$

⓭ $40.24 =$

❼ $32.5 =$

まちがえた問題はやり直して，どこでまちがえたのか
をよくたしかめておこう。

点

月　　日　名前

1 小数を分数に直して，たし算をしましょう。　　　〔1問　5点〕

❶ $0.5 + \dfrac{1}{6} = \dfrac{\square}{2} + \dfrac{1}{6}$

　　　$=$

❻ $3\dfrac{1}{2} + 2.4 = 3\dfrac{1}{2} + 2\dfrac{\square}{5}$

　　　$=$

❷ $0.2 + \dfrac{1}{4} =$

❼ $1\dfrac{1}{2} + 1.8 =$

❸ $3\dfrac{2}{5} + 0.9 =$

❽ $1\dfrac{1}{3} + 0.3 =$

❹ $0.25 + \dfrac{2}{3} =$

❾ $3\dfrac{2}{7} + 2.7 =$

❺ $0.75 + 1\dfrac{2}{9} =$

❿ $3\dfrac{7}{10} + 0.05 =$

2 小数を分数に直して，ひき算をしましょう。 〔1問 5点〕

① $\dfrac{1}{2}-0.3=\dfrac{1}{2}-\dfrac{\boxed{}}{10}$

  $=$

⑥ $2\dfrac{2}{3}-0.4=$

② $\dfrac{1}{4}-0.2=$

⑦ $3\dfrac{1}{4}-0.05=$

③ $0.8-\dfrac{3}{4}=$

⑧ $3\dfrac{2}{5}-0.15=$

④ $1.7-1\dfrac{1}{2}=$

⑨ $2\dfrac{1}{6}-0.75=$

⑤ $2\dfrac{1}{5}-0.25=$

⑩ $2\dfrac{3}{5}-1.44=$

次はしんだんテストだよ。今までにまちがえた問題は，もう一度ふく習しておこう。

点

月　日　名前

はじめ　時　分　おわり　時　分

1 次の分数を約分しましょう。 〔1問 2点〕

① $\dfrac{20}{28} =$

③ $\dfrac{6}{18} =$

⑤ $\dfrac{12}{27} =$

② $\dfrac{21}{35} =$

④ $\dfrac{45}{54} =$

⑥ $\dfrac{24}{72} =$

2 次のたし算をしましょう。 〔1問 3点〕

① $\dfrac{1}{3} + \dfrac{2}{5} =$

⑤ $\dfrac{3}{4} + \dfrac{3}{10} =$

② $\dfrac{5}{12} + \dfrac{3}{8} =$

⑥ $\dfrac{9}{14} + \dfrac{6}{7} =$

③ $\dfrac{1}{9} + \dfrac{7}{18} =$

⑦ $1\dfrac{5}{12} + 2\dfrac{4}{9} =$

④ $\dfrac{5}{6} + \dfrac{1}{15} =$

⑧ $1\dfrac{7}{10} + \dfrac{5}{6} =$

3 次のひき算をしましょう。

〔1問 4点〕

① $\dfrac{3}{4} - \dfrac{3}{8} =$

⑤ $3\dfrac{2}{5} - 1\dfrac{2}{3} =$

② $\dfrac{5}{6} - \dfrac{1}{10} =$

⑥ $2\dfrac{5}{16} - \dfrac{7}{12} =$

③ $\dfrac{15}{14} - \dfrac{4}{7} =$

⑦ $5\dfrac{5}{12} - 2\dfrac{3}{8} =$

④ $\dfrac{7}{9} - \dfrac{1}{6} =$

⑧ $2\dfrac{4}{5} - 1\dfrac{3}{10} =$

4 次の計算をしましょう。

〔1問 4点〕

① $\dfrac{1}{2} + \dfrac{3}{4} + \dfrac{5}{6} =$

③ $\dfrac{2}{3} + \dfrac{1}{4} - \dfrac{3}{5} =$

② $1\dfrac{2}{5} + 2\dfrac{1}{6} + \dfrac{7}{12} =$

④ $2\dfrac{2}{21} - 1\dfrac{4}{9} - \dfrac{3}{7} =$

5 次の計算をしましょう。

〔1問 4点〕

① $1.8 + \dfrac{1}{4} =$

③ $\dfrac{5}{6} - 0.4 =$

② $1\dfrac{1}{3} + 0.2 =$

④ $1\dfrac{2}{3} - 0.75 =$

答え合わせをして点数をつけてから，88ページの
アドバイス を読もう。

点

答え　● 5年生　分数

① 仮分数・帯分数　P.1・2

1
① $1\frac{2}{3}$
② $1\frac{2}{7}$
③ $1\frac{3}{5}$
④ 2
⑤ $1\frac{4}{9}$
⑥ $1\frac{1}{8}$
⑦ 2
⑧ 2
⑨ $1\frac{4}{11}$
⑩ $1\frac{1}{6}$
⑪ 1
⑫ $2\frac{1}{3}$
⑬ $2\frac{1}{2}$
⑭ $1\frac{7}{9}$
⑮ $1\frac{6}{7}$
⑯ 2
⑰ $1\frac{1}{4}$
⑱ $2\frac{1}{5}$
⑲ $1\frac{4}{7}$
⑳ $1\frac{6}{11}$

2
① $\frac{5}{5}$
② $\frac{6}{6}$
③ $\frac{6}{3}$
④ $\frac{8}{4}$
⑤ $\frac{18}{9}$
⑥ $\frac{8}{8}$
⑦ $\frac{7}{7}$
⑧ $\frac{14}{7}$

3
① $\frac{7}{4}$
② $\frac{8}{3}$
③ $\frac{9}{5}$
④ $\frac{13}{6}$
⑤ $\frac{3}{2}$
⑥ $\frac{11}{7}$
⑦ $\frac{7}{3}$
⑧ $\frac{14}{9}$
⑨ $\frac{15}{8}$
⑩ $\frac{9}{4}$
⑪ $\frac{13}{7}$
⑫ $\frac{14}{11}$

② 同分母分数のたし算　P.3・4

1
① $\frac{2}{3}$
② 1
③ $\frac{4}{5}$
④ 1
⑤ $1\frac{3}{5}\left(\frac{8}{5}\right)$
⑥ $\frac{6}{7}$
⑦ $1\frac{4}{7}\left(\frac{11}{7}\right)$
⑧ $\frac{7}{9}$
⑨ $1\frac{4}{9}\left(\frac{13}{9}\right)$
⑩ $1\frac{5}{11}\left(\frac{16}{11}\right)$

2
① $3\frac{5}{8}\left(\frac{29}{8}\right)$
② $5\frac{1}{4}\left(\frac{21}{4}\right)$
③ $2\frac{3}{5}\left(\frac{13}{5}\right)$
④ $3\frac{5}{7}\left(\frac{26}{7}\right)$
⑤ 5
⑥ $4\frac{1}{9}\left(\frac{37}{9}\right)$
⑦ $5\frac{4}{5}\left(\frac{29}{5}\right)$
⑧ $7\frac{5}{7}\left(\frac{54}{7}\right)$
⑨ $10\frac{4}{7}\left(\frac{74}{7}\right)$
⑩ $6\frac{3}{11}\left(\frac{69}{11}\right)$

> **アドバイス**　答えが仮分数になるとき，帯分数に直すと大きさがわかりやすくなります。

③ 同分母分数のひき算　P.5・6

1
① $\frac{1}{3}$
② $\frac{2}{5}$
③ $\frac{3}{7}$
④ 0
⑤ $\frac{5}{9}$
⑥ $3\frac{1}{5}\left(\frac{16}{5}\right)$
⑦ $4\frac{4}{7}\left(\frac{32}{7}\right)$
⑧ $5\frac{4}{9}\left(\frac{49}{9}\right)$
⑨ $3\frac{2}{7}\left(\frac{23}{7}\right)$
⑩ $\frac{7}{9}$

2
① $\frac{5}{8}$
② 4
③ $\frac{2}{5}$
④ $2\frac{7}{8}\left(\frac{23}{8}\right)$
⑤ $1\frac{5}{6}\left(\frac{11}{6}\right)$
⑥ $3\frac{2}{3}\left(\frac{11}{3}\right)$
⑦ $2\frac{3}{5}\left(\frac{13}{5}\right)$
⑧ $2\frac{3}{5}\left(\frac{13}{5}\right)$
⑨ $2\frac{3}{7}\left(\frac{17}{7}\right)$
⑩ $\frac{6}{11}$

1 ❶ $1\frac{2}{9}$　❹ $2\frac{2}{5}$

　❷ $2\frac{2}{3}$　❺ 4

　❸ $3\frac{3}{4}$　❻ $2\frac{8}{11}$

2 ❶ $\frac{7}{5}$　❸ $\frac{11}{4}$

　❷ $\frac{13}{9}$　❹ $\frac{32}{9}$

3 ❶ $\frac{6}{7}$　❸ $\frac{8}{11}$

　❷ 1　❹ $1\frac{4}{7}\left(\frac{11}{7}\right)$

4 ❶ $9\frac{5}{8}\left(\frac{77}{8}\right)$　❸ $2\frac{1}{7}\left(\frac{15}{7}\right)$

　❷ $3\frac{7}{9}\left(\frac{34}{9}\right)$　❹ $4\frac{2}{11}\left(\frac{46}{11}\right)$

5 ❶ $\frac{1}{9}$　❺ $\frac{1}{6}$

　❷ $\frac{1}{3}$　❻ $1\frac{1}{9}\left(\frac{10}{9}\right)$

　❸ $\frac{5}{7}$　❼ $3\frac{5}{9}\left(\frac{32}{9}\right)$

　❹ $2\frac{4}{7}\left(\frac{18}{7}\right)$　❽ $5\frac{2}{5}\left(\frac{27}{5}\right)$

アドバイス

●85点から100点の人

　まちがえた問題をやり直してから，次のページに進みましょう。

●75点から84点の人

　ここまでのページを，もう一度ふく習しておきましょう。

●0点から74点の人

　『4年生　分数・小数』で，もう一度分数をふく習しておきましょう。

1 ❶ $\frac{2}{3}$　❺ $\frac{4}{7}$　❾ $\frac{1}{10}$

　❷ $\frac{2}{5}$　❻ $\frac{5}{7}$　❿ $\frac{3}{10}$

　❸ $\frac{3}{5}$　❼ $\frac{3}{8}$

　❹ $\frac{2}{7}$　❽ $\frac{4}{9}$

2 ❶ $\frac{1}{2}$　❺ $\frac{3}{5}$　❾ $\frac{4}{9}$

　❷ $\frac{1}{3}$　❻ $\frac{4}{5}$　❿ $\frac{8}{9}$

　❸ $\frac{3}{4}$　❼ $\frac{3}{7}$

　❹ $\frac{2}{5}$　❽ $\frac{7}{8}$

3 ❶ $\frac{1}{3}$　⓫ $\frac{1}{7}$

　❷ $\frac{1}{2}$　⓬ $\frac{6}{7}$

　❸ $\frac{2}{3}$　⓭ $\frac{4}{11}$

　❹ $\frac{3}{4}$　⓮ $\frac{5}{12}$

　❺ $\frac{3}{5}$　⓯ $\frac{5}{8}$

　❻ $\frac{5}{6}$　⓰ $\frac{3}{13}$

　❼ $\frac{2}{5}$　⓱ $\frac{2}{9}$

　❽ $\frac{7}{8}$　⓲ $\frac{4}{15}$

　❾ $\frac{5}{9}$　⓳ $\frac{3}{10}$

　❿ $\frac{5}{6}$　⓴ $\frac{7}{10}$

1 ❶ $\frac{2}{3}$　❻ $\frac{7}{12}$

　❷ $\frac{1}{2}$　❼ $\frac{3}{5}$

　❸ $\frac{5}{6}$　❽ $\frac{7}{15}$

　❹ $\frac{2}{3}$　❾ $\frac{5}{6}$

　❺ $\frac{1}{4}$　❿ $\frac{7}{8}$

2 ❶ $\frac{1}{2}$　❻ $\frac{4}{7}$

　❷ $\frac{2}{3}$　❼ $\frac{1}{5}$

　❸ $\frac{1}{3}$　❽ $\frac{2}{5}$

　❹ $\frac{3}{4}$　❾ $\frac{4}{5}$

　❺ $\frac{1}{7}$　❿ $\frac{7}{9}$

3 ❶ $\frac{3}{4}$　❻ $\frac{7}{9}$

　❷ $\frac{2}{5}$　❼ $\frac{2}{3}$

　❸ $\frac{5}{6}$　❽ $\frac{8}{11}$

　❹ $\frac{3}{7}$　❾ $\frac{3}{4}$

　❺ $\frac{1}{2}$　❿ $\frac{4}{5}$

4 ❶ $\frac{3}{5}$　❻ $\frac{7}{8}$

　❷ $\frac{2}{7}$　❼ $\frac{1}{4}$

　❸ $\frac{1}{3}$　❽ $\frac{2}{5}$

　❹ $\frac{5}{7}$　❾ $\frac{3}{5}$

　❺ $\frac{3}{8}$　❿ $\frac{5}{6}$

1
① $\frac{1}{2}$ ⑥ $\frac{2}{5}$
② $\frac{2}{5}$ ⑦ $\frac{3}{7}$
③ $\frac{1}{4}$ ⑧ $\frac{5}{7}$
④ $\frac{1}{7}$ ⑨ $\frac{4}{5}$
⑤ $\frac{1}{5}$ ⑩ $\frac{5}{6}$

2
① $\frac{3}{5}$ ⑥ $\frac{1}{19}$
② $\frac{7}{11}$ ⑦ $\frac{9}{13}$
③ $\frac{7}{8}$ ⑧ $\frac{3}{8}$
④ $\frac{11}{13}$ ⑨ $\frac{4}{9}$
⑤ $\frac{14}{17}$ ⑩ $\frac{2}{7}$

3
① $\frac{1}{2}$ ⑥ $\frac{1}{2}$
② $\frac{1}{3}$ ⑦ $\frac{1}{3}$
③ $\frac{1}{4}$ ⑧ $\frac{2}{3}$
④ $\frac{3}{4}$ ⑨ $\frac{3}{4}$
⑤ $\frac{4}{5}$ ⑩ $\frac{3}{5}$

4
① $\frac{1}{5}$ ⑥ $\frac{1}{4}$
② $\frac{2}{5}$ ⑦ $\frac{1}{5}$
③ $\frac{3}{5}$ ⑧ $\frac{1}{7}$
④ $\frac{1}{6}$ ⑨ $\frac{4}{7}$
⑤ $\frac{2}{7}$ ⑩ $\frac{3}{8}$

1
① $\frac{1}{3}$ ⑪ $\frac{1}{6}$
② $\frac{1}{4}$ ⑫ $\frac{3}{4}$
③ $\frac{3}{4}$ ⑬ $\frac{2}{5}$
④ $\frac{1}{3}$ ⑭ $\frac{2}{7}$
⑤ $\frac{2}{3}$ ⑮ $\frac{4}{5}$
⑥ $\frac{2}{3}$ ⑯ $\frac{5}{12}$
⑦ $\frac{1}{4}$ ⑰ $\frac{11}{17}$
⑧ $\frac{4}{7}$ ⑱ $\frac{1}{10}$
⑨ $\frac{4}{5}$ ⑲ $\frac{5}{8}$
⑩ $\frac{5}{6}$ ⑳ $\frac{3}{11}$

2
① $\frac{1}{2}$ ⑥ $\frac{2}{3}$
② $\frac{1}{3}$ ⑦ $\frac{1}{10}$
③ $\frac{2}{3}$ ⑧ $\frac{3}{10}$
④ $\frac{3}{8}$ ⑨ $\frac{1}{3}$
⑤ $\frac{1}{3}$ ⑩ $\frac{3}{4}$

3
① $\frac{1}{2}$ ⑥ $\frac{1}{2}$
② $\frac{1}{3}$ ⑦ $\frac{2}{3}$
③ $\frac{2}{3}$ ⑧ $\frac{3}{4}$
④ $\frac{5}{7}$ ⑨ $\frac{8}{9}$
⑤ $\frac{3}{5}$ ⑩ $\frac{3}{11}$

1
① $\frac{1}{2}$ ⑥ $\frac{1}{3}$
② $\frac{1}{3}$ ⑦ $\frac{2}{3}$
③ $\frac{2}{3}$ ⑧ $\frac{7}{10}$
④ $\frac{1}{4}$ ⑨ $\frac{4}{7}$
⑤ $\frac{3}{4}$ ⑩ $\frac{5}{7}$

2
① $\frac{1}{2}$ ⑥ $\frac{1}{4}$
② $\frac{1}{3}$ ⑦ $\frac{2}{3}$
③ $\frac{3}{4}$ ⑧ $\frac{2}{5}$
④ $\frac{2}{5}$ ⑨ $\frac{3}{5}$
⑤ $\frac{5}{6}$ ⑩ $\frac{6}{7}$

3
① $\frac{1}{4}$ ⑪ $\frac{2}{5}$
② $\frac{1}{3}$ ⑫ $\frac{3}{5}$
③ $\frac{1}{3}$ ⑬ $\frac{3}{5}$
④ $\frac{5}{6}$ ⑭ $\frac{2}{3}$
⑤ $\frac{1}{3}$ ⑮ $\frac{1}{6}$
⑥ $\frac{2}{3}$ ⑯ $\frac{4}{5}$
⑦ $\frac{1}{4}$ ⑰ $\frac{1}{8}$
⑧ $\frac{5}{7}$ ⑱ $\frac{3}{5}$
⑨ $\frac{2}{9}$ ⑲ $\frac{5}{6}$
⑩ $\frac{1}{7}$ ⑳ $\frac{4}{7}$

1
① $\frac{3}{5}$ ⑪ $\frac{1}{3}$
② $\frac{3}{4}$ ⑫ $\frac{2}{3}$
③ $\frac{3}{4}$ ⑬ $\frac{1}{2}$
④ $\frac{1}{2}$ ⑭ $\frac{2}{3}$
⑤ $\frac{7}{10}$ ⑮ $\frac{1}{4}$
⑥ $\frac{1}{3}$ ⑯ $\frac{11}{15}$
⑦ $\frac{4}{5}$ ⑰ $\frac{2}{3}$
⑧ $\frac{3}{5}$ ⑱ $\frac{4}{5}$
⑨ $\frac{2}{7}$ ⑲ $\frac{7}{9}$
⑩ $\frac{3}{4}$ ⑳ $\frac{1}{3}$

2
① $\frac{4}{7}$ ⑪ $\frac{1}{4}$
② $\frac{2}{5}$ ⑫ $\frac{9}{10}$
③ $\frac{3}{4}$ ⑬ $\frac{8}{9}$
④ $\frac{3}{4}$ ⑭ $\frac{3}{8}$
⑤ $\frac{4}{5}$ ⑮ $\frac{3}{4}$
⑥ $\frac{3}{4}$ ⑯ $\frac{5}{6}$
⑦ $\frac{2}{3}$ ⑰ $\frac{5}{6}$
⑧ $\frac{3}{4}$ ⑱ $\frac{7}{9}$
⑨ $\frac{2}{3}$ ⑲ $\frac{5}{7}$
⑩ $\frac{1}{2}$ ⑳ $\frac{5}{6}$

1 ❶6 ❷3 ❸6

2 ❶5 ❷6 ❸10

3 ❶6 ❷10

4 ❶4 ❸6 ❷6 ❹8

5 ❶4, $\frac{3}{5}$ ❷4, $\frac{5}{6}$ ❸6, $\frac{3}{4}$ ❹6, $\frac{2}{5}$ ❺15, $\frac{1}{2}$ ❻9, $\frac{2}{3}$ ❼8, $\frac{3}{4}$ ❽9, $\frac{3}{4}$ ❾12, $\frac{3}{4}$ ❿15, $\frac{3}{4}$

アドバイス

●最大公約数を求めるには，次のような方法もあります。

最大公約数

〈例〉 （16, 20） → 4

《かんたんな公約数でわっていく》

2) 16, 20 ←2でわる
2) 8, 10 ←2でわる
　　4　5 ←これ以上われない

2×2＝4 ←最大公約数

---

1 ❶$\frac{2}{8}$ ❷$\frac{3}{9}$ ❸$\frac{6}{9}$ ❹$\frac{3}{15}$ ❺$\frac{8}{20}$ ❻$\frac{5}{35}$ ❼$\frac{18}{42}$ ❽$\frac{15}{24}$ ❾$\frac{4}{18}$ ❿$\frac{15}{27}$
⓫$\frac{4}{8}$ ⓬$\frac{14}{21}$ ⓭$\frac{21}{28}$ ⓮$\frac{24}{40}$ ⓯$\frac{30}{36}$ ⓰$\frac{32}{56}$ ⓱$\frac{30}{80}$ ⓲$\frac{45}{72}$ ⓳$\frac{9}{81}$ ⓴$\frac{28}{63}$

2 ❶ $\frac{2}{5}+\frac{3}{10}=\frac{\boxed{4}}{10}+\frac{3}{10}=\frac{7}{10}$

❷ $\frac{4}{5}+\frac{1}{10}=\frac{\boxed{8}}{10}+\frac{1}{10}=\frac{9}{10}$

❸ $\frac{1}{5}+\frac{7}{10}=\frac{2}{10}+\frac{7}{10}=\frac{9}{10}$

❹ $\frac{1}{4}+\frac{1}{8}=\frac{\boxed{2}}{8}+\frac{1}{8}=\frac{3}{8}$

❺ $\frac{1}{4}+\frac{5}{8}=\frac{2}{8}+\frac{5}{8}=\frac{7}{8}$

❻ $\frac{3}{4}+\frac{1}{8}=\frac{6}{8}+\frac{1}{8}=\frac{7}{8}$

❼ $\frac{1}{2}+\frac{1}{8}=\frac{4}{8}+\frac{1}{8}=\frac{5}{8}$

❽ $\frac{1}{2}+\frac{3}{8}=\frac{4}{8}+\frac{3}{8}=\frac{7}{8}$

---

1 ❶ $\frac{3}{10}+\frac{2}{5}=\frac{3}{10}+\frac{\boxed{4}}{10}=\frac{7}{10}$

❻ $\frac{1}{12}+\frac{2}{3}=\frac{1}{12}+\frac{\boxed{8}}{12}=\frac{9}{12}=\frac{3}{4}$

❷ $\frac{1}{10}+\frac{4}{5}=\frac{1}{10}+\frac{8}{10}=\frac{9}{10}$

❼ $\frac{1}{12}+\frac{3}{4}=\frac{1}{12}+\frac{9}{12}=\frac{10}{12}=\frac{5}{6}$

❸ $\frac{7}{10}+\frac{1}{5}=\frac{7}{10}+\frac{2}{10}=\frac{9}{10}$

❽ $\frac{7}{12}+\frac{1}{6}=\frac{7}{12}+\frac{2}{12}=\frac{9}{12}=\frac{3}{4}$

❹ $\frac{3}{10}$ ❾ $\frac{5}{12}$

❺ $\frac{9}{10}$ ❿ $\frac{11}{12}$

2 ❶ $\frac{1}{4}+\frac{1}{6}=\frac{\boxed{3}}{12}+\frac{2}{12}=\frac{5}{12}$

❻ $\frac{3}{5}+\frac{7}{15}=\frac{\boxed{9}}{15}+\frac{7}{15}=\frac{\boxed{16}}{15}=1\frac{\boxed{1}}{15}$

❷ $\frac{1}{6}+\frac{3}{4}=\frac{2}{12}+\frac{\boxed{9}}{12}=\frac{11}{12}$

❼ $\frac{4}{5}+\frac{1}{3}=\frac{12}{15}+\frac{5}{15}=\frac{17}{15}=1\frac{2}{15}$

❸ $\frac{1}{6}+\frac{1}{4}=\frac{2}{12}+\frac{3}{12}=\frac{5}{12}$

❽ $\frac{4}{15}+\frac{2}{3}=\frac{4}{15}+\frac{10}{15}=\frac{14}{15}$

❹ $\frac{11}{12}$ ❾ $1\frac{1}{15}\left(\frac{16}{15}\right)$

❺ $\frac{7}{12}$ ❿ $\frac{4}{5}$

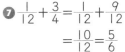

14 分数のたし算（3）

P.27・28

1
❶ $\dfrac{1}{2}+\dfrac{5}{8}=\dfrac{\boxed{4}}{8}+\dfrac{\boxed{5}}{8}$
　　$=\dfrac{\boxed{9}}{8}=1\dfrac{\boxed{1}}{8}$

❻ $1\dfrac{4}{9}\left(\dfrac{13}{9}\right)$

❷ $1\dfrac{3}{8}\left(\dfrac{11}{8}\right)$

❼ $1\dfrac{2}{9}\left(\dfrac{11}{9}\right)$

❸ $1\dfrac{3}{8}\left(\dfrac{11}{8}\right)$

❽ $1\dfrac{1}{10}\left(\dfrac{11}{10}\right)$

❹ $1\dfrac{1}{8}\left(\dfrac{9}{8}\right)$

❾ $\dfrac{4}{5}$

❺ $1\dfrac{1}{9}\left(\dfrac{10}{9}\right)$

❿ $1\dfrac{3}{10}\left(\dfrac{13}{10}\right)$

2
❶ $1\dfrac{5}{12}\left(\dfrac{17}{12}\right)$

❻ $\dfrac{1}{2}$

❷ $\dfrac{3}{4}$

❼ $1\dfrac{5}{18}\left(\dfrac{23}{18}\right)$

❸ $\dfrac{11}{12}$

❽ $\dfrac{13}{18}$

❹ $1\dfrac{7}{12}\left(\dfrac{19}{12}\right)$

❾ $1\dfrac{1}{18}\left(\dfrac{19}{18}\right)$

❺ $\dfrac{11}{12}$

❿ $\dfrac{8}{9}$

> **アドバイス** 答えが仮分数になるとき，帯分数に直すと大きさがわかりやすくなります。

15 分数のたし算（4）

P.29・30

1 24，30，36，42，48，54

2 24，32，40，48，56

3 18，27，36，45，54

4 24，48，72，96

5 18，36，54，72

6 12，24，36，48

7 ❶18
　❷12

8 ❶24　❷36

9 ❶12　❸45
　❷30　❹20

10 ❶ $\dfrac{1}{6}=\dfrac{\boxed{3}}{18}$，$\dfrac{1}{9}=\dfrac{\boxed{2}}{18}$
　　となるから，
　　$\dfrac{1}{6}+\dfrac{1}{9}=\dfrac{\boxed{3}}{18}+\dfrac{\boxed{2}}{18}$
　　　　　　$=\dfrac{\boxed{5}}{18}$

❷ $\dfrac{1}{6}+\dfrac{4}{9}=\dfrac{\boxed{3}}{18}+\dfrac{\boxed{8}}{18}$
　　　　　$=\dfrac{\boxed{11}}{18}$

11 ❶24

❷ $\dfrac{1}{6}+\dfrac{1}{8}=\dfrac{\boxed{4}}{24}+\dfrac{\boxed{3}}{24}$
　　$=\dfrac{\boxed{7}}{24}$

❹ $\dfrac{5}{6}+\dfrac{1}{8}=\dfrac{\boxed{20}}{24}+\dfrac{\boxed{3}}{24}$
　　$=\dfrac{\boxed{23}}{24}$

❸ $\dfrac{1}{6}+\dfrac{5}{8}=\dfrac{\boxed{4}}{24}+\dfrac{\boxed{15}}{24}$
　　$=\dfrac{\boxed{19}}{24}$

16 分数のたし算（5）

P.31・32

1 ❶12，$\dfrac{1}{4}+\dfrac{1}{6}=\dfrac{\boxed{3}}{12}+\dfrac{\boxed{2}}{12}$
　　　　$=\dfrac{5}{12}$

❹24，$\dfrac{11}{24}$

❷20，$\dfrac{11}{20}$

❺36，$\dfrac{7}{36}$

❸40，$\dfrac{17}{40}$

❻30，$\dfrac{13}{30}$

2 ❶12　❼56
　❷36　❽40
　❸28　❾45
　❹44　❿30
　❺60　⓫70
　❻60　⓬90

3 ❶ $\dfrac{3}{4}+\dfrac{1}{6}=\dfrac{\boxed{9}}{12}+\dfrac{\boxed{2}}{12}$
　　　$=\dfrac{\boxed{11}}{12}$

❺ $\dfrac{41}{56}$

❷ $\dfrac{25}{36}$

❻ $\dfrac{11}{45}$

❸ $\dfrac{9}{28}$

❼ $\dfrac{13}{30}$

❹ $\dfrac{43}{60}$

> **アドバイス** 3❼
>
> $$\dfrac{3}{10}+\dfrac{2}{15}=\dfrac{45}{150}+\dfrac{20}{150}$$
> $$=\dfrac{65}{150}=\dfrac{13}{30}$$
>
> とすると，計算がたいへんなので，
>
> $$\dfrac{3}{10}+\dfrac{2}{15}=\dfrac{9}{30}+\dfrac{4}{30}$$
> $$=\dfrac{13}{30}$$
>
> のように，分母を最小公倍数にして計算すると，らくにできます。

17 分数のたし算(6) P.33・34

1
① $\dfrac{5}{12}$
② $\dfrac{11}{12}$
③ $\dfrac{7}{24}$
④ $1\dfrac{1}{24}\left(\dfrac{25}{24}\right)$
⑤ $\dfrac{5}{18}$
⑥ $\dfrac{17}{18}$
⑦ $\dfrac{5}{24}$
⑧ $\dfrac{13}{24}$
⑨ $\dfrac{8}{45}$
⑩ $\dfrac{11}{45}$

2
① $\dfrac{19}{40}$
② $1\dfrac{1}{40}\left(\dfrac{41}{40}\right)$
③ $\dfrac{4}{15}$
④ $\dfrac{7}{15}$
⑤ $\dfrac{11}{36}$
⑥ $\dfrac{29}{36}$
⑦ $\dfrac{1}{6}$
⑧ $\dfrac{7}{30}$
⑨ $\dfrac{5}{21}$
⑩ $\dfrac{19}{21}$

18 分数のたし算(7) P.35・36

1
① $\dfrac{1}{4}+\dfrac{5}{6}=\dfrac{3}{12}+\dfrac{10}{12}=\dfrac{13}{12}=1\dfrac{1}{12}$
② $1\dfrac{1}{20}\left(\dfrac{21}{20}\right)$
③ $1\dfrac{5}{24}\left(\dfrac{29}{24}\right)$
④ $1\dfrac{5}{24}\left(\dfrac{29}{24}\right)$
⑤ $1\dfrac{7}{20}\left(\dfrac{27}{20}\right)$
⑥ $1\dfrac{1}{14}\left(\dfrac{15}{14}\right)$
⑦ $1\dfrac{1}{15}\left(\dfrac{16}{15}\right)$
⑧ $1\dfrac{5}{21}\left(\dfrac{26}{21}\right)$
⑨ $1\dfrac{11}{42}\left(\dfrac{53}{42}\right)$
⑩ $1\dfrac{5}{72}\left(\dfrac{77}{72}\right)$

2
① $\dfrac{5}{6}+\dfrac{1}{10}=\dfrac{25}{30}+\dfrac{3}{30}=\dfrac{28}{30}=\dfrac{14}{15}$
② $\dfrac{3}{10}$
③ $\dfrac{13}{24}$
④ $\dfrac{11}{21}$
⑤ $\dfrac{5}{6}$
⑥ $\dfrac{9}{10}$
⑦ $\dfrac{11}{12}$
⑧ $\dfrac{13}{14}$
⑨ $\dfrac{19}{20}$
⑩ $\dfrac{25}{42}$

19 分数のたし算(8) P.37・38

1
① $\dfrac{5}{6}+\dfrac{4}{15}=\dfrac{25}{30}+\dfrac{8}{30}=\dfrac{33}{30}=1\dfrac{3}{30}=1\dfrac{1}{10}$
② $1\dfrac{1}{6}\left(\dfrac{7}{6}\right)$
③ $1\dfrac{1}{3}\left(\dfrac{4}{3}\right)$
④ $1\dfrac{1}{6}\left(\dfrac{7}{6}\right)$
⑤ $1\dfrac{1}{3}\left(\dfrac{4}{3}\right)$
⑥ $1\dfrac{1}{5}\left(\dfrac{6}{5}\right)$
⑦ $1\dfrac{1}{2}\left(\dfrac{3}{2}\right)$
⑧ $1\dfrac{1}{4}\left(\dfrac{5}{4}\right)$
⑨ $1\dfrac{8}{15}\left(\dfrac{23}{15}\right)$
⑩ $\dfrac{1}{2}$

2
① $\dfrac{8}{9}$
② $\dfrac{4}{5}$
③ $1\dfrac{1}{20}\left(\dfrac{21}{20}\right)$
④ $1\dfrac{1}{4}\left(\dfrac{5}{4}\right)$
⑤ $1\dfrac{11}{24}\left(\dfrac{35}{24}\right)$
⑥ $\dfrac{9}{10}$
⑦ $1\dfrac{1}{6}\left(\dfrac{7}{6}\right)$
⑧ $1\dfrac{1}{18}\left(\dfrac{19}{18}\right)$
⑨ $1\dfrac{10}{21}\left(\dfrac{31}{21}\right)$
⑩ $1\dfrac{1}{14}\left(\dfrac{15}{14}\right)$

20 分数のたし算(9) P.39・40

1
① $1\dfrac{1}{2}+2\dfrac{1}{3}=1\dfrac{3}{6}+2\dfrac{2}{6}=3\dfrac{5}{6}$
② $2\dfrac{1}{2}+1\dfrac{1}{4}=2\dfrac{2}{4}+1\dfrac{1}{4}=3\dfrac{3}{4}\left(\dfrac{15}{4}\right)$
③ $2\dfrac{8}{15}\left(\dfrac{38}{15}\right)$
④ $3\dfrac{7}{12}\left(\dfrac{43}{12}\right)$
⑤ $2\dfrac{1}{6}+1\dfrac{1}{8}=2\dfrac{4}{24}+1\dfrac{3}{24}=3\dfrac{7}{24}\left(\dfrac{79}{24}\right)$
⑥ $2\dfrac{7}{8}\left(\dfrac{23}{8}\right)$
⑦ $1\dfrac{11}{15}\left(\dfrac{26}{15}\right)$
⑧ $2\dfrac{11}{15}\left(\dfrac{41}{15}\right)$
⑨ $3\dfrac{13}{16}\left(\dfrac{61}{16}\right)$
⑩ $5\dfrac{35}{36}\left(\dfrac{215}{36}\right)$

2
① $1\dfrac{1}{3}+2\dfrac{3}{4}=1\dfrac{4}{12}+2\dfrac{9}{12}=3\dfrac{13}{12}=4\dfrac{1}{12}$
② $2\dfrac{1}{3}+1\dfrac{5}{6}=2\dfrac{2}{6}+1\dfrac{5}{6}=3\dfrac{7}{6}=4\dfrac{1}{6}\left(\dfrac{25}{6}\right)$
③ $2\dfrac{3}{4}+2\dfrac{5}{9}=2\dfrac{27}{36}+2\dfrac{20}{36}=4\dfrac{47}{36}=5\dfrac{11}{36}\left(\dfrac{191}{36}\right)$
④ $5\dfrac{1}{18}\left(\dfrac{91}{18}\right)$
⑤ $3\dfrac{5}{12}\left(\dfrac{41}{12}\right)$
⑥ $3\dfrac{1}{6}\left(\dfrac{19}{6}\right)$
⑦ $2\dfrac{7}{15}\left(\dfrac{37}{15}\right)$
⑧ $3\dfrac{7}{12}\left(\dfrac{43}{12}\right)$
⑨ $6\dfrac{1}{24}\left(\dfrac{145}{24}\right)$
⑩ $4\dfrac{5}{18}\left(\dfrac{77}{18}\right)$

21 分数のたし算（10）　　　P.41・42

1
❶ $1\frac{1}{6}+2\frac{1}{3}=1\frac{1}{6}+2\frac{\boxed{2}}{6}$
$=3\frac{\boxed{3}}{6}=3\frac{1}{2}$

❷ $2\frac{1}{4}+1\frac{5}{12}=2\frac{3}{12}+1\frac{5}{12}$
$=3\frac{8}{12}=3\frac{2}{3}\left(\frac{11}{3}\right)$

❸ $1\frac{4}{9}+3\frac{7}{18}=1\frac{8}{18}+3\frac{7}{18}$
$=4\frac{15}{18}=4\frac{5}{6}\left(\frac{29}{6}\right)$

❹ $2\frac{1}{6}+1\frac{3}{10}=2\frac{5}{30}+1\frac{9}{30}$
$=3\frac{14}{30}=3\frac{7}{15}\left(\frac{52}{15}\right)$

❺ $\frac{3}{4}+3\frac{1}{20}=\frac{15}{20}+3\frac{1}{20}$
$=3\frac{16}{20}=3\frac{4}{5}\left(\frac{19}{5}\right)$

❻ $1\frac{7}{15}+\frac{5}{6}=1\frac{14}{30}+\frac{25}{30}$
$=1\frac{39}{30}=2\frac{9}{30}=2\frac{3}{10}\left(\frac{23}{10}\right)$

（または，$1\frac{39}{30}=1\frac{13}{10}=2\frac{3}{10}$）

❼ $1\frac{11}{12}\left(\frac{23}{12}\right)$

❽ $4\frac{1}{15}\left(\frac{61}{15}\right)$

❾ $6\frac{1}{4}\left(\frac{25}{4}\right)$

❿ $2\frac{11}{15}+1\frac{1}{6}=2\frac{22}{30}+1\frac{5}{30}$
$=3\frac{27}{30}=3\frac{9}{10}\left(\frac{39}{10}\right)$

2
❶ $4\frac{2}{3}\left(\frac{14}{3}\right)$
❷ $2\frac{1}{12}\left(\frac{25}{12}\right)$
❸ $3\frac{1}{10}\left(\frac{31}{10}\right)$
❹ $3\frac{7}{20}\left(\frac{67}{20}\right)$
❺ $5\frac{7}{12}\left(\frac{67}{12}\right)$
❻ $3\frac{11}{12}\left(\frac{47}{12}\right)$
❼ $3\frac{1}{7}\left(\frac{22}{7}\right)$
❽ $3\frac{1}{10}\left(\frac{31}{10}\right)$
❾ $3\frac{2}{21}\left(\frac{65}{21}\right)$
❿ $3\frac{23}{24}\left(\frac{95}{24}\right)$

22 分数のたし算（11）　　　P.43・44

1
❶ 48
❷ 240
❸ 60
❹ 18
❺ 80
❻ 120
❼ 96
❽ 120
❾ 240
❿ 252

2
❶ $\frac{1}{8}+\frac{1}{12}=\frac{\boxed{3}}{24}+\frac{\boxed{2}}{24}$
$=\frac{5}{24}$

❷ $\frac{19}{40}$

❸ $\frac{29}{48}$

❹ $\frac{31}{36}$

❺ $\frac{23}{30}$

❻ $\frac{19}{20}$

❼ $\frac{49}{75}$

❽ $\frac{19}{80}$

❾ $\frac{31}{96}$

❿ $\frac{11}{40}$

23 分数のひき算（1）　　　P.45・46

1
❶ $\frac{3}{4}-\frac{5}{8}=\frac{\boxed{6}}{8}-\frac{5}{8}$
$=\frac{1}{8}$

❷ $\frac{3}{8}$

❸ $\frac{1}{8}$

❹ $\frac{2}{9}$

❺ $\frac{4}{9}$

❻ $\frac{1}{2}-\frac{1}{5}=\frac{\boxed{5}}{10}-\frac{\boxed{2}}{10}$
$=\frac{3}{10}$

❼ $\frac{1}{10}$

❽ $\frac{1}{20}$

❾ $\frac{2}{15}$

❿ $\frac{1}{15}$

2
❶ $\frac{5}{4}-\frac{3}{8}=\frac{\boxed{10}}{8}-\frac{3}{8}$
$=\frac{7}{8}$

❷ $\frac{5}{4}-\frac{5}{8}=\frac{10}{8}-\frac{5}{8}$
$=\frac{5}{8}$

❸ $\frac{3}{2}-\frac{5}{8}=\frac{12}{8}-\frac{5}{8}$
$=\frac{7}{8}$

❹ $\frac{9}{8}-\frac{1}{4}=\frac{9}{8}-\frac{2}{8}$
$=\frac{7}{8}$

❺ $\frac{7}{6}-\frac{1}{3}=\frac{7}{6}-\frac{2}{6}$
$=\frac{5}{6}$

❻ $\frac{4}{3}-\frac{2}{5}=\frac{\boxed{20}}{15}-\frac{\boxed{6}}{15}$
$=\frac{14}{15}$

❼ $\frac{7}{5}-\frac{1}{2}=\frac{14}{10}-\frac{5}{10}$
$=\frac{9}{10}$

❽ $\frac{7}{4}-\frac{5}{6}=\frac{21}{12}-\frac{10}{12}$
$=\frac{11}{12}$

❾ $\frac{7}{6}-\frac{5}{8}=\frac{28}{24}-\frac{15}{24}$
$=\frac{13}{24}$

❿ $\frac{10}{9}-\frac{5}{6}=\frac{20}{18}-\frac{15}{18}$
$=\frac{5}{18}$

1 ❶ $2\frac{1}{3}-1\frac{1}{9}=2\frac{\boxed{3}}{9}-1\frac{1}{9}$

           $=\boxed{1}\frac{\boxed{2}}{9}$

❷ $2\frac{1}{2}-1\frac{1}{3}=2\frac{\boxed{3}}{6}-1\frac{\boxed{2}}{6}$

           $=1\frac{\boxed{1}}{6}$

❸ $2\frac{3}{5}-\frac{3}{10}=2\frac{6}{10}-\frac{3}{10}$

           $=2\frac{3}{10}\left(\frac{23}{10}\right)$

❹ $3\frac{4}{9}\left(\frac{31}{9}\right)$

❺ $4\frac{5}{12}-1\frac{3}{8}=4\frac{10}{24}-1\frac{9}{24}$

           $=3\frac{1}{24}\left(\frac{73}{24}\right)$

❻ $1\frac{1}{4}\left(\frac{5}{4}\right)$

❼ $2\frac{4}{21}\left(\frac{46}{21}\right)$

❽ $2\frac{7}{9}-\frac{5}{12}=2\frac{28}{36}-\frac{15}{36}$

           $=2\frac{13}{36}\left(\frac{85}{36}\right)$

❾ $3\frac{5}{6}-2\frac{3}{4}=3\frac{10}{12}-2\frac{9}{12}$

           $=1\frac{1}{12}\left(\frac{13}{12}\right)$

❿ $1\frac{5}{24}\left(\frac{29}{24}\right)$

2 ❶ $\frac{2}{3}-\frac{1}{6}=\frac{\boxed{4}}{6}-\frac{1}{6}$

           $=\frac{\boxed{3}}{6}=\frac{1}{2}$

❷ $\frac{1}{2}-\frac{1}{6}=\frac{3}{6}-\frac{1}{6}$

           $=\frac{2}{6}=\frac{1}{3}$

❸ $\frac{1}{2}-\frac{3}{10}=\frac{5}{10}-\frac{3}{10}$

           $=\frac{2}{10}=\frac{1}{5}$

❹ $\frac{3}{5}-\frac{1}{10}=\frac{6}{10}-\frac{1}{10}$

           $=\frac{5}{10}=\frac{1}{2}$

❺ $\frac{4}{5}-\frac{3}{10}=\frac{8}{10}-\frac{3}{10}$

           $=\frac{5}{10}=\frac{1}{2}$

❻ $\frac{3}{4}-\frac{1}{6}=\frac{\boxed{9}}{12}-\frac{\boxed{2}}{12}$

           $=\frac{7}{12}$

❼ $\frac{1}{6}-\frac{1}{8}=\frac{4}{24}-\frac{3}{24}$

           $=\frac{1}{24}$

❽ $\frac{5}{6}-\frac{2}{9}=\frac{15}{18}-\frac{4}{18}$

           $=\frac{11}{18}$

❾ $\frac{5}{6}-\frac{1}{10}=\frac{25}{30}-\frac{3}{30}$

           $=\frac{22}{30}=\frac{11}{15}$

❿ $\frac{5}{6}-\frac{3}{10}=\frac{25}{30}-\frac{9}{30}$

           $=\frac{16}{30}=\frac{8}{15}$

1 ❶ $\frac{4}{3}-\frac{5}{6}=\frac{\boxed{8}}{6}-\frac{5}{6}$

           $=\frac{\boxed{3}}{6}=\frac{1}{2}$

❷ $\frac{3}{2}-\frac{7}{10}=\frac{15}{10}-\frac{7}{10}$

           $=\frac{8}{10}=\frac{4}{5}$

❸ $\frac{1}{2}$

❹ $\frac{3}{4}$

❺ $\frac{5}{6}$

❻ $\frac{2}{5}$

❼ $\frac{13}{15}$

❽ $\frac{3}{10}$

❾ $\frac{5}{6}$

❿ $\frac{5}{6}$

2 ❶ $1\frac{1}{6}\left(\frac{7}{6}\right)$

❷ $\frac{1}{3}$

❸ $1\frac{1}{4}\left(\frac{5}{4}\right)$

❹ $\frac{1}{3}$

❺ $2\frac{2}{9}\left(\frac{20}{9}\right)$

❻ $1\frac{5}{24}\left(\frac{29}{24}\right)$

❼ $2\frac{5}{6}\left(\frac{17}{6}\right)$

❽ $1\frac{8}{15}\left(\frac{23}{15}\right)$

❾ $3\frac{2}{35}\left(\frac{107}{35}\right)$

❿ $3\frac{4}{45}\left(\frac{139}{45}\right)$

1 ❶ $\frac{1}{4}$

❷ $2\frac{11}{18}\left(\frac{47}{18}\right)$

❸ $\frac{7}{12}$

❹ $\frac{1}{15}$

❺ $\frac{11}{24}$

❻ $\frac{5}{8}$

❼ $\frac{1}{2}$

❽ $\frac{5}{12}$

❾ $3\frac{1}{7}\left(\frac{22}{7}\right)$

❿ $\frac{1}{6}$

2 ❶ $\frac{1}{6}$

❷ $\frac{11}{12}$

❸ $1\frac{1}{28}\left(\frac{29}{28}\right)$

❹ $\frac{27}{56}$

❺ $\frac{7}{24}$

❻ $\frac{7}{9}$

❼ $\frac{2}{3}$

❽ $\frac{9}{20}$

❾ $3\frac{2}{3}\left(\frac{11}{3}\right)$

❿ $\frac{5}{6}$

1 ❶ $1\frac{1}{2} - \frac{7}{8} = 1\frac{\boxed{4}}{8} - \frac{7}{8}$
$\qquad = \frac{\boxed{12}}{8} - \frac{7}{8}$
$\qquad = \frac{5}{8}$

❻ $1\frac{1}{3} - \frac{5}{6} = 1\frac{\boxed{2}}{6} - \frac{5}{6}$
$\qquad = \frac{\boxed{8}}{6} - \frac{5}{6}$
$\qquad = \frac{\boxed{3}}{6} = \frac{\boxed{1}}{2}$

❷ $1\frac{1}{4} - \frac{7}{8} = 1\frac{\boxed{2}}{8} - \frac{\boxed{7}}{8}$
$\qquad = \frac{10}{8} - \frac{7}{8}$
$\qquad = \frac{3}{8}$

❼ $\frac{1}{2}$

❸ $2\frac{2}{3} - \frac{7}{9} = 2\frac{\boxed{6}}{9} - \frac{7}{9}$
$\qquad = 1\frac{\boxed{15}}{9} - \frac{7}{9}$
$\qquad = 1\frac{\boxed{8}}{9}$

❽ $\frac{5}{6}$

❹ $1\frac{3}{4}\left(\frac{7}{4}\right)$

❾ $\frac{2}{5}$

❺ $2\frac{17}{21}\left(\frac{59}{21}\right)$

❿ $1\frac{3}{4}\left(\frac{7}{4}\right)$

2 ❶ $4\frac{2}{3} - 2\frac{5}{6} = 4\frac{\boxed{4}}{6} - 2\frac{5}{6}$
$\qquad = 3\frac{\boxed{10}}{6} - 2\frac{5}{6}$
$\qquad = \boxed{1}\frac{\boxed{5}}{6}$

❻ $1\frac{7}{9}\left(\frac{16}{9}\right)$

❷ $4\frac{1}{3} - 1\frac{2}{5} = 4\frac{5}{15} - 1\frac{6}{15}$
$\qquad = 3\frac{20}{15} - 1\frac{6}{15}$
$\qquad = 2\frac{14}{15}\left(\frac{44}{15}\right)$

❼ $1\frac{5}{6}\left(\frac{11}{6}\right)$

❸ $\frac{11}{20}$

❽ $\frac{2}{3}$

❹ $\frac{19}{24}$

❾ $1\frac{3}{5}\left(\frac{8}{5}\right)$

❺ $2\frac{13}{14}\left(\frac{41}{14}\right)$

❿ $2\frac{14}{15}\left(\frac{44}{15}\right)$

> **アドバイス** 分数部分でひけないときは、ひかれる数の整数部分からくり下げて計算しましょう。

1 ❶ $2\frac{2}{3} - 1\frac{1}{6} = 2\frac{\boxed{4}}{6} - 1\frac{1}{6}$
$\qquad = 1\frac{\boxed{3}}{6} = 1\frac{1}{2}$

❻ $3\frac{3}{10} - 1\frac{4}{5} = 3\frac{3}{10} - 1\frac{\boxed{8}}{10}$
$\qquad = 2\frac{\boxed{13}}{10} - 1\frac{\boxed{8}}{10}$
$\qquad = 1\frac{\boxed{5}}{10} = 1\frac{1}{2}$

❷ $3\frac{7}{12} - 1\frac{1}{3} = 3\frac{7}{12} - 1\frac{4}{12}$
$\qquad = 2\frac{3}{12} = 2\frac{1}{4}\left(\frac{9}{4}\right)$

❼ $4\frac{1}{6} - 2\frac{2}{3} = 4\frac{1}{6} - 2\frac{4}{6}$
$\qquad = 3\frac{7}{6} - 2\frac{4}{6}$
$\qquad = 1\frac{3}{6} = 1\frac{1}{2}\left(\frac{3}{2}\right)$

❸ $1\frac{1}{6} - \frac{1}{10} = 1\frac{5}{30} - \frac{3}{30}$
$\qquad = 1\frac{2}{30} = 1\frac{1}{15}\left(\frac{16}{15}\right)$

❽ $3\frac{1}{10} - 1\frac{5}{6} = 3\frac{3}{30} - 1\frac{25}{30}$
$\qquad = 2\frac{33}{30} - 1\frac{25}{30}$
$\qquad = 1\frac{8}{30} = 1\frac{4}{15}\left(\frac{19}{15}\right)$

❹ $2\frac{2}{3} - \frac{5}{12} = 2\frac{8}{12} - \frac{5}{12}$
$\qquad = 2\frac{3}{12} = 2\frac{1}{4}\left(\frac{9}{4}\right)$

❾ $2\frac{1}{4} - \frac{5}{12} = 2\frac{3}{12} - \frac{5}{12}$
$\qquad = 1\frac{15}{12} - \frac{5}{12}$
$\qquad = 1\frac{10}{12} = 1\frac{5}{6}\left(\frac{11}{6}\right)$

❺ $3\frac{5}{7} - 2\frac{3}{14} = 3\frac{10}{14} - 2\frac{3}{14}$
$\qquad = 1\frac{7}{14} = 1\frac{1}{2}\left(\frac{3}{2}\right)$

❿ $1\frac{11}{15} - \frac{9}{10} = 1\frac{22}{30} - \frac{27}{30}$
$\qquad = \frac{52}{30} - \frac{27}{30}$
$\qquad = \frac{25}{30} = \frac{5}{6}$

2 ❶ $1\frac{1}{4}\left(\frac{5}{4}\right)$
❻ $2\frac{4}{5}\left(\frac{14}{5}\right)$

❷ $1\frac{1}{3}\left(\frac{4}{3}\right)$
❼ $1\frac{8}{15}\left(\frac{23}{15}\right)$

❸ $1\frac{5}{9}\left(\frac{14}{9}\right)$
❽ $2\frac{13}{24}\left(\frac{61}{24}\right)$

❹ $2\frac{1}{14}\left(\frac{29}{14}\right)$
❾ $\frac{2}{3}$

❺ $1\frac{1}{6}\left(\frac{7}{6}\right)$
❿ $\frac{5}{8}$

1 ❶ $\frac{1}{4} + \frac{1}{6} + \frac{1}{8} = \frac{\boxed{6}}{24} + \frac{\boxed{4}}{24} + \frac{\boxed{3}}{24}$　❻ $1\frac{1}{30}\left(\frac{31}{30}\right)$

$\qquad = \frac{13}{24}$

❷ $\frac{19}{24}$　　　　　　❼ $1\frac{29}{30}\left(\frac{59}{30}\right)$

❸ $1\frac{1}{24}\left(\frac{25}{24}\right)$　　　❽ $\frac{47}{60}$

❹ $\frac{1}{2} + \frac{1}{3} + \frac{1}{4} = \frac{\boxed{6}}{12} + \frac{\boxed{4}}{12} + \frac{\boxed{3}}{12}$　❾ $1\frac{29}{60}\left(\frac{89}{60}\right)$

$\qquad = \frac{\boxed{13}}{12} = 1\frac{\boxed{1}}{12}$

❺ $1\frac{11}{12}\left(\frac{23}{12}\right)$　　　❿ $2\frac{13}{60}\left(\frac{133}{60}\right)$

2 ❶ 28　　　　❸ 36
　❷ 30　　　　❹ 40

3 ❶ (18)
　　(18), $\boxed{36}$
　❷ (36)
　　(36), $\boxed{36}$

4 ❶ 24　　　　❸ 60
　❷ 18　　　　❹ 24

1 ❶ 12　　　　❾ 24
　❷ 18　　　　❿ 40
　❸ 12　　　　⓫ 36
　❹ 20　　　　⓬ 28
　❺ 90　　　　⓭ 90
　❻ 24　　　　⓮ 120
　❼ 60　　　　⓯ 24
　❽ 30

2 ❶ $\frac{1}{2} + \frac{1}{3} + \frac{1}{4} = \frac{\boxed{6}}{12} + \frac{\boxed{4}}{12} + \frac{\boxed{3}}{12}$　❻ $\frac{1}{3} + \frac{1}{5} + \frac{1}{6} = \frac{21}{30}$

$\qquad = \frac{\boxed{13}}{12} = 1\frac{\boxed{1}}{12}$　　　$\qquad = \frac{7}{10}$

❷ $\frac{1}{2} + \frac{1}{3} + \frac{1}{8} = \frac{12}{24} + \frac{8}{24} + \frac{3}{24}$　❼ $\frac{1}{3} + \frac{1}{6} + \frac{1}{8} = \frac{15}{24}$

$\qquad = \frac{23}{24}$　　　　　　$\qquad = \frac{5}{8}$

❸ $\frac{17}{20}$　　　　　❽ $\frac{25}{36}$

❹ $\frac{33}{40}$　　　　　❾ $\frac{23}{40}$

❺ $\frac{17}{24}$　　　　　❿ $\frac{13}{24}$

1 ❶ $\frac{1}{2} + \frac{1}{3} + \frac{5}{6} = \frac{3}{6} + \frac{2}{6} + \frac{5}{6}$　❻ $1\frac{7}{15}\left(\frac{22}{15}\right)$

$\qquad = \frac{10}{6}$

$\qquad = 1\frac{4}{6} = 1\frac{2}{3}\left(\frac{5}{3}\right)$

❷ $1\frac{5}{12}\left(\frac{17}{12}\right)$　　　❼ $1\frac{19}{36}\left(\frac{55}{36}\right)$

❸ $1\frac{4}{15}\left(\frac{19}{15}\right)$　　　❽ $1\frac{3}{8}\left(\frac{11}{8}\right)$

❹ $1\frac{5}{12}\left(\frac{17}{12}\right)$　　　❾ $1\frac{1}{20}\left(\frac{21}{20}\right)$

❺ $1\frac{4}{45}\left(\frac{49}{45}\right)$　　　❿ $1\frac{8}{15}\left(\frac{23}{15}\right)$

2 ❶ $1\frac{1}{2} + 2\frac{1}{3} + \frac{1}{4} = 1\frac{\boxed{6}}{12} + 2\frac{\boxed{4}}{12} + \frac{\boxed{3}}{12}$　❻ $8\frac{3}{4}\left(\frac{35}{4}\right)$

$\qquad = 3\frac{13}{12} = 4\frac{1}{12}\left(\frac{49}{12}\right)$

❷ $1\frac{1}{8} + \frac{1}{2} + \frac{2}{3} = 1\frac{3}{24} + \frac{12}{24} + \frac{16}{24}$　❼ $7\frac{29}{48}\left(\frac{365}{48}\right)$

$\qquad = 1\frac{31}{24} = 2\frac{7}{24}\left(\frac{55}{24}\right)$

❸ $4\frac{11}{40}\left(\frac{171}{40}\right)$　　❽ $8\frac{8}{9}\left(\frac{80}{9}\right)$

❹ $3\frac{2}{3}\left(\frac{11}{3}\right)$　　　❾ $8\frac{11}{30}\left(\frac{251}{30}\right)$

❺ $7\frac{13}{20}\left(\frac{153}{20}\right)$　　❿ $9\frac{4}{45}\left(\frac{409}{45}\right)$

1 ❶ $\frac{1}{2} + \frac{1}{3} - \frac{1}{4} = \frac{\boxed{6}}{12} + \frac{\boxed{4}}{12} - \frac{\boxed{3}}{12}$　❻ $\frac{7}{30}$

$\qquad = \frac{\boxed{7}}{12}$

❷ $\frac{1}{3} + \frac{1}{4} - \frac{1}{5} = \frac{20}{60} + \frac{15}{60} - \frac{12}{60}$　❼ $\frac{79}{84}$

$\qquad = \frac{23}{60}$

❸ $\frac{13}{42}$　　　　　❽ $\frac{1}{24}$

❹ $\frac{1}{3} + \frac{3}{4} - \frac{5}{6} = \frac{\boxed{4}}{12} + \frac{\boxed{9}}{12} - \frac{\boxed{10}}{12}$　❾ $\frac{5}{24}$

$\qquad = \frac{\boxed{3}}{12} = \frac{1}{4}$

❺ $\frac{17}{30}$　　　　　❿ $\frac{13}{56}$

2 ❶ $\dfrac{5}{6}-\dfrac{1}{2}+\dfrac{3}{8}=\dfrac{20}{24}-\dfrac{12}{24}+\dfrac{9}{24}$
$=\dfrac{17}{24}$

❷ $\dfrac{7}{8}-\dfrac{2}{3}+\dfrac{1}{6}=\dfrac{21}{24}-\dfrac{16}{24}+\dfrac{4}{24}$
$=\dfrac{9}{24}=\dfrac{3}{8}$

❸ $\dfrac{59}{72}$

❹ $\dfrac{17}{36}$

❺ 0

❻ $\dfrac{1}{2}+4\dfrac{2}{3}-3\dfrac{3}{4}=\dfrac{\boxed{6}}{12}+4\dfrac{\boxed{8}}{12}-3\dfrac{\boxed{9}}{12}$
$=1\dfrac{\boxed{5}}{12}$

❼ $1\dfrac{23}{45}\left(\dfrac{68}{45}\right)$

❽ $5\dfrac{1}{72}\left(\dfrac{361}{72}\right)$

❾ $2\dfrac{1}{4}+\dfrac{1}{6}-\dfrac{1}{2}=2\dfrac{\boxed{3}}{12}+\dfrac{2}{12}-\dfrac{6}{12}$
$=1\dfrac{\boxed{15}}{12}+\dfrac{2}{12}-\dfrac{6}{12}$
$=1\dfrac{11}{12}\left(\dfrac{23}{12}\right)$

❿ $4\dfrac{11}{18}\left(\dfrac{83}{18}\right)$

---

33 3つの分数のたし算・ひき算(5)　　P.65・66

1 ❶ $3\dfrac{2}{3}-\dfrac{5}{6}-\dfrac{1}{2}=3\dfrac{\boxed{4}}{6}-\dfrac{5}{6}-\dfrac{3}{6}$
$=2\dfrac{\boxed{10}}{6}-\dfrac{5}{6}-\dfrac{3}{6}$
$=2\dfrac{2}{6}=2\dfrac{1}{3}\left(\dfrac{7}{3}\right)$

❷ $1\dfrac{11}{18}\left(\dfrac{29}{18}\right)$

❸ $1\dfrac{2}{3}\left(\dfrac{5}{3}\right)$

❹ $2\dfrac{13}{30}\left(\dfrac{73}{30}\right)$

❺ $2\dfrac{31}{36}\left(\dfrac{103}{36}\right)$

❻ $\dfrac{11}{12}$

❼ $\dfrac{17}{18}$

❽ $\dfrac{44}{45}$

❾ 1

❿ $6\dfrac{1}{3}\left(\dfrac{19}{3}\right)$

2 ❶ $9\dfrac{3}{7}\left(\dfrac{66}{7}\right)$

❷ $9\dfrac{3}{7}\left(\dfrac{66}{7}\right)$

❸ $3\dfrac{3}{7}\left(\dfrac{24}{7}\right)$

❹ $3\dfrac{1}{8}-2\dfrac{1}{4}+1\dfrac{1}{2}$
$=3\dfrac{1}{8}-2\dfrac{\boxed{2}}{8}+1\dfrac{\boxed{4}}{8}$
$=3\dfrac{1}{8}+1\dfrac{\boxed{4}}{8}-2\dfrac{\boxed{2}}{8}$
$=2\dfrac{3}{8}\left(\dfrac{19}{8}\right)$

❺ $2\dfrac{7}{12}\left(\dfrac{31}{12}\right)$

❻ $2\dfrac{1}{12}\left(\dfrac{25}{12}\right)$

❼ $2\dfrac{1}{8}\left(\dfrac{17}{8}\right)$

❽ $7\dfrac{1}{12}\left(\dfrac{85}{12}\right)$

❾ $2\dfrac{17}{28}\left(\dfrac{73}{28}\right)$

❿ $7\dfrac{1}{21}\left(\dfrac{148}{21}\right)$

---

34 分数のかけ算　　P.67・68

1 ❶ $\dfrac{2}{3}\times\dfrac{4}{7}=\dfrac{2\times4}{3\times7}=\dfrac{\boxed{8}}{21}$

❷ $\dfrac{3}{5}\times\dfrac{1}{2}=\dfrac{3\times1}{5\times2}=\dfrac{3}{10}$

❸ $\dfrac{3}{20}$

❹ $\dfrac{5}{24}$

❺ $\dfrac{5}{21}$

❻ $\dfrac{2}{15}$

❼ $\dfrac{3}{20}$

❽ $\dfrac{9}{28}$

❾ $\dfrac{6}{35}$

❿ $\dfrac{9}{40}$

2 ❶ $\dfrac{3}{4}\times\dfrac{5}{6}=\dfrac{3\times\overset{1}{\cancel5}}{\underset{2}{\cancel4}\times6}=\dfrac{\boxed{5}}{8}$

❷ $\dfrac{2}{3}\times\dfrac{1}{4}=\dfrac{\overset{1}{\cancel2}\times1}{3\times\underset{2}{\cancel4}}=\dfrac{1}{6}$

❸ $\dfrac{3}{10}$

❹ $\dfrac{1}{10}$

❺ $\dfrac{2}{5}$

❻ $\dfrac{3}{5}$

❼ $\dfrac{4}{7}$

❽ $\dfrac{4}{7}$

❾ $\dfrac{10}{21}$

❿ $\dfrac{3}{14}$

---

35 分数と小数(1)　　P.69・70

1 ❶ 0.2

❷ $\dfrac{3}{5}=\boxed{3}\div\boxed{5}=0.6$

❸ 1.6

❹ 0.5

❺ 0.25

❻ 0.75

❼ 0.125

❽ 0.625

❾ 3.375

❿ 0.3

⓫ 0.7

⓬ 2.3

2 ❶ 0.04

❷ 0.12

❸ 2.8

❹ 0.15

❺ 2.5

❻ 1.75

❼ 1.125

❽ 6.25

❾ 16.4

❿ 0.02

⓫ 1.23

⓬ 3.07

⓭ 0.007

---

36 分数と小数(2)　　P.71・72

1 ❶ $\dfrac{7}{10}$

❷ $\dfrac{33}{100}$

❸ $0.4=\dfrac{\boxed{4}}{10}=\dfrac{\boxed{2}}{5}$

❹ $\dfrac{3}{5}$

❺ $0.06=\dfrac{\boxed{6}}{100}=\dfrac{3}{50}$

❻ $\dfrac{2}{25}$

❼ $0.14=\dfrac{\boxed{14}}{100}=\dfrac{7}{50}$

❽ $\dfrac{1}{20}$

❾ $\dfrac{9}{25}$

❿ $0.004=\dfrac{\boxed{4}}{1000}=\dfrac{1}{250}$

⓫ $\dfrac{3}{250}$

⓬ $\dfrac{1}{40}$

2 ❶ $1.2 = 1\dfrac{2}{10} = 1\dfrac{\boxed{1}}{5}$ ❽ $22\dfrac{1}{2}$

❷ $1.5 = 1\dfrac{\boxed{5}}{10} = 1\dfrac{1}{2}$ ❾ $2\dfrac{1}{4}$

❸ $2.6 = 2\dfrac{\boxed{6}}{10} = 2\dfrac{3}{5}$ ❿ $3\dfrac{3}{4}$

❹ $7\dfrac{1}{2}$ ⓫ $1\dfrac{6}{25}$

❺ $8\dfrac{2}{5}$ ⓬ $\dfrac{3}{125}$

❻ $12.8 = 12\dfrac{\boxed{8}}{10} = 12\dfrac{4}{5}$ ⓭ $40\dfrac{6}{25}$

❼ $32\dfrac{1}{2}$

37 分数と小数（3）
P.73・74

1 ❶ $0.5 + \dfrac{1}{6} = \dfrac{\boxed{1}}{2} + \dfrac{1}{6} = \dfrac{3}{6} + \dfrac{1}{6} = \dfrac{4}{6} = \dfrac{2}{3}$

❷ $0.2 + \dfrac{1}{4} = \dfrac{1}{5} + \dfrac{1}{4} = \dfrac{4}{20} + \dfrac{5}{20} = \dfrac{9}{20}$

❸ $4\dfrac{3}{10}\left(\dfrac{43}{10}\right)$

❹ $\dfrac{11}{12}$

❺ $1\dfrac{35}{36}\left(\dfrac{71}{36}\right)$

❻ $3\dfrac{1}{2} + 2.4 = 3\dfrac{1}{2} + 2\dfrac{\boxed{2}}{5} = 3\dfrac{5}{10} + 2\dfrac{4}{10} = 5\dfrac{9}{10}\left(\dfrac{59}{10}\right)$

❼ $3\dfrac{3}{10}\left(\dfrac{33}{10}\right)$

❽ $1\dfrac{19}{30}\left(\dfrac{49}{30}\right)$

❾ $5\dfrac{69}{70}\left(\dfrac{419}{70}\right)$

❿ $3\dfrac{3}{4}\left(\dfrac{15}{4}\right)$

2 ❶ $\dfrac{1}{2} - 0.3 = \dfrac{1}{2} - \dfrac{\boxed{3}}{10} = \dfrac{5}{10} - \dfrac{3}{10} = \dfrac{2}{10} = \dfrac{1}{5}$

❷ $\dfrac{1}{20}$

❸ $\dfrac{1}{20}$

❹ $\dfrac{1}{5}$

❺ $1\dfrac{19}{20}\left(\dfrac{39}{20}\right)$

❻ $2\dfrac{4}{15}\left(\dfrac{34}{15}\right)$

❼ $3\dfrac{1}{5}\left(\dfrac{16}{5}\right)$

❽ $3\dfrac{1}{4}\left(\dfrac{13}{4}\right)$

❾ $1\dfrac{5}{12}\left(\dfrac{17}{12}\right)$

❿ $1\dfrac{4}{25}\left(\dfrac{29}{25}\right)$

38 しんだんテスト
P.75・76

1 ❶ $\dfrac{5}{7}$ ❸ $\dfrac{1}{3}$ ❺ $\dfrac{4}{9}$

❷ $\dfrac{3}{5}$ ❹ $\dfrac{5}{6}$ ❻ $\dfrac{1}{3}$

2 ❶ $\dfrac{11}{15}$ ❺ $1\dfrac{1}{20}\left(\dfrac{21}{20}\right)$

❷ $\dfrac{19}{24}$ ❻ $1\dfrac{1}{2}\left(\dfrac{3}{2}\right)$

❸ $\dfrac{1}{2}$ ❼ $3\dfrac{31}{36}\left(\dfrac{139}{36}\right)$

❹ $\dfrac{9}{10}$ ❽ $2\dfrac{8}{15}\left(\dfrac{38}{15}\right)$

3 ❶ $\dfrac{3}{8}$ ❺ $1\dfrac{11}{15}\left(\dfrac{26}{15}\right)$

❷ $\dfrac{11}{15}$ ❻ $\dfrac{35}{48}\left(\dfrac{83}{48}\right)$

❸ $\dfrac{1}{2}$ ❼ $3\dfrac{1}{24}\left(\dfrac{73}{24}\right)$

❹ $\dfrac{11}{18}$ ❽ $1\dfrac{1}{2}\left(\dfrac{3}{2}\right)$

4 ❶ $2\dfrac{1}{12}\left(\dfrac{25}{12}\right)$ ❸ $\dfrac{19}{60}$

❷ $4\dfrac{3}{20}\left(\dfrac{83}{20}\right)$ ❹ $\dfrac{2}{9}$

5 ❶ $2\dfrac{1}{20}\left(\dfrac{41}{20}\right)$ ❸ $\dfrac{13}{30}$

❷ $1\dfrac{8}{15}\left(\dfrac{23}{15}\right)$ ❹ $\dfrac{11}{12}$

アドバイス

1 でまちがえた人は，「約分（1）」から，もう一度ふく習しましょう。

2 でまちがえた人は，「分数のたし算（1）」から，もう一度ふく習しましょう。

3 でまちがえた人は，「分数のひき算（1）」から，もう一度ふく習しましょう。

4 でまちがえた人は，「3つの分数のたし算・ひき算（1）」から，もう一度ふく習しましょう。

5 でまちがえた人は，「分数と小数（1）」から，もう一度ふく習しましょう。